"十二五"国家重点图书出版规划项目

固体充填回收
房式开采遗留煤柱
理论与方法

Extract Room Mining Pillars Using
Solid Backfill Mining Technology：
Theories and Methods

张吉雄　巨　峰　周　楠　著

科学出版社

北　京

内 容 简 介

本书以房式开采遗留煤柱为研究对象,系统阐述采用固体充填采煤技术回收房式开采遗留煤柱的相关理论与方法,主要包括:房式煤柱稳定性判别理论、固体充填材料物理力学特性测试、固体充填回收房式煤柱方法、固体充填回收房式煤柱围岩变形理论分析、固体充填回收房式煤柱岩层移动变形物理相似模拟、固体充填回收房式煤柱围岩稳定性分析、综合机械化固体充填回收房式煤柱工程设计、抛料充填回收房式煤柱工程设计、长壁机械化掘巷充填开采工程设计等方面。

本书可供高等院校采矿工程专业师生、科研院所相关专业以及矿山工程技术人员参考。

图书在版编目(CIP)数据

固体充填回收房式开采遗留煤柱理论与方法 = Extract Room Mining Pillars Using Solid Backfill Mining Technology:Theories and Methods/张吉雄,巨峰,周楠著. 一北京:科学出版社,2015.10
("十二五"国家重点图书出版规划项目)

ISBN 978-7-03-046062-2

Ⅰ.①固… Ⅱ.①张…②巨…③周… Ⅲ.①充填法-房式采煤法
Ⅳ.①TD823.5

中国版本图书馆 CIP 数据核字(2015)第 249606 号

责任编辑 李 雪 / 责任校对:郭瑞芝
责任印制:徐晓晨/ 封面设计:耕者设计工作室

科 学 出 版 社 出版
北京东黄城根北街 16 号
邮政编码:100717
http://www.sciencep.com
北京京华虎彩印刷有限公司印刷
科学出版社发行 各地新华书店经销
*
2015年10月第 一 版 开本:720×1000 1/16
2016年2月第二次印刷 印张:15 1/2
字数:313 000
定价:98.00 元
(如有印装质量问题,我社负责调换)

前　言

房式采煤法是柱式体系采煤法的一种,具有出煤快、投资少、搬迁快、矿压及岩层移动控制效果好等特点,在国内外被广泛应用,尤其是在美国、澳大利亚、加拿大、南非等国家。美国是最早使用房式采煤法的国家,井工煤矿中50%以上的煤是由该方法采出,已形成了一整套以连续采煤机为中心的设备体系及较为完善的工艺系统,其矿井生产效率比欧洲高1.5～2.0倍;澳大利亚、加拿大、南非等国家引进了美国的房式采煤法,经过长期的实践与创新,形成了许多独有的柱式体系采煤法,以澳大利亚首先采用的旺格维利采煤法应用较为广泛。

我国自20世纪80年代开始使用房式采煤法,主要分布在陕西、内蒙古、山西等省份,尤其是神东矿区,更是进行了大范围的应用。然而,房式采煤法资源采出率较低,仅为36%～40%,大量的煤炭资源被遗弃于井下,形成特有的房式采空区及遗留煤柱,仅内蒙古鄂尔多斯矿区就有66亿～70亿t的遗留煤柱。这些煤柱造成了资源的严重浪费,其形成的应力集中区也影响下组煤层的安全开采,同时,煤柱长期的氧化易引发矿井火灾,煤柱大范围失稳会引发矿震。因此,房式开采遗留煤柱严重制约着资源与环境的协调发展。

《国家能源科技“十二五”规划(2011—2015)》中,将“煤矿灾害综合防治技术”列为优先发展的关键技术,并在《煤炭行业十二五规划》中,将“重特大事故大幅度减少,安全生产形势明显好转,矿区生态环境明显改善”作为发展目标,实现“在开发中保护,在保护中开发”等科学研究的重点方向;鉴于房式采空区引发地质灾害的严重性,2012年5月神木县政府发布《神木县地方煤矿采空区分布勘查与综合治理方案编制工作实施方案》文件,继榆林市之后,成立采空区综合治理办公室,对勘查区域内424km²井田面积进行采空区调查与踏勘,寻求解决房式采空区资源回收及灾害治理问题的方法。

近年来,为解决我国大规模煤炭开发中突出的资源和环境问题,中国矿业大学开发出了具有完全独立自主知识产权的综合机械化固体充填采煤技术,形成了国家行业标准,并已在建(构)物下、水体下等进行了成功应用。理论与实践表明,该项技术可严格控制岩层运动与地表沉陷。

在此背景下,提出了采用固体充填采煤技术回收房式开采遗留煤柱的方法。本书以房式开采遗留煤柱为研究对象,系统阐述采用固体充填采煤技术回收房式开采遗留煤柱的相关理论与方法,主要包括:房式煤柱稳定性判别理论、固体充填材料物理力学特性测试、固体充填回收房式煤柱方法、固体充填回收房式煤柱围岩变形理论分析、固体充填回收房式煤柱岩层移动变形相似模拟、固体充填回收房式煤柱围岩稳定性分析、综合机械化固体充填回收房式煤柱工程设计、抛料充填回收房式煤柱工程设计、长壁机械化掘巷充填开采工程设计等方面。

　　本书涵盖采矿、岩石力学、矿山测量和地质等方面的内容,是由多学科组成的团队人员在长期合作研究基础上的成果总结,本研究得到了众多煤矿企业的支持与帮助。本书由张吉雄、巨峰和周楠执笔完成,具体写作分工如下:第 1 章、第 2 章由张吉雄完成,第 4~6 章由张吉雄和巨峰合作完成,第 3 章、第 7 章和第 8 章由张吉雄和周楠合作完成。黄艳利副教授,邓雪杰、黄鹏、李猛等博士,邰阳、陈志维、李百宜等硕士参与部分章节的写作工作。缪协兴教授审定了全书内容,汪理全教授、郭坤高级工程师对书稿进行了多次审读、校对工作。

　　本研究得到如下项目的资助:国家自然科学基金创新群体项目"充填采煤的基础理论与应用研究"(项目编号:51421003);国家重点基础研究发展计划(973 计划)项目"西部煤炭高强度开采下地质灾害防治与环境保护基础研究"(项目编号:2013CB227900);国家自然科学基金面上项目"综合机械化固体充填开采回收房式煤柱采场矿压显现规律研究"(项目编号:51074165)。本书也得到了江苏省高校"青蓝工程"科技创新团队、国家自然科学基金青年科学基金项目"固体充填采煤物料垂直输送的动力特性研究"(项目编号:51304206)、国家自然科学基金青年科学基金项目"'三下'厚煤层长壁逐巷充填采煤围岩变形控制机理研究"(项目编号:51504238)的资助。

目　　录

第1章 绪　　论

1.1　房式开采方法

1.1.1　房式开采的特点

房式采煤法是只采煤房不回收煤柱，用房式煤柱支撑上覆岩层的一种采煤方法。根据煤柱尺寸和形状，房式开采可分为很多种，如长条式、团块式等，但其基本布置方式相似。该方法的优越性主要表现在以下几个方面[1-2]。

1）建井工期短，矿井开拓准备工程量少，出煤快

由于采掘使用同一类型的机械设备，可实现采掘合一，大大缩短了开拓准备工期。特别对于用平硐开拓的中、小型矿井，在一年之内或更短时间即可建成投产。

2）设备投资少

一般一套房式采煤设备的价格仅为长壁综采设备价格的 1/6～1/5，因此建设一个规模相同的矿井，其设备投资要低得多。

3）设备运转灵活，搬迁快

连续式采煤设备的行走部件多用履带或胶轮，可自行行走，移动十分灵活，也提高了搬迁、拆、装效率。尤其是开采或穿过断层、冲刷带及其他地质异常区域，连续式采煤机工作面迅速搬家的优越性更为突出。

4）巷道压力小，便于维护，出矸量少

在房式开采过程中，巷道压力及围岩变形较小，一般采用锚杆支护就可有效控制顶板，同时巷道掘进量少，产出的矸石量少。

5）控制岩层移动及地表沉陷效果明显

房式采煤法由于煤柱对顶板起到很好的支撑作用，从而对岩层移动和地表沉陷控制效果明显。

房式开采方法适用于顶板稳定、坚硬的条件，主要根据顶板性质来确定煤房和煤柱的尺寸大小，同时需考虑保护对象等级要求。当以保护地面建筑物为目的采用房式采煤法时，留设的煤柱尺寸较大，其采出率一般为 50%～60%。因此，在较早的采煤年代，这种方法被广泛推广应用，从而遗留了大量的煤柱。

1.1.2　房式开采的系统布置

房式采煤方法[3-12]的实质是利用连续采煤机在煤层中开掘多条平行巷道,形成煤房,煤房之间留有一定宽度的煤柱,一般采用盘区式布置。

1. 盘区巷道布置

在连续采煤机房式开采体系中,把为整个盘区服务的一组巷道称为盘区准备巷道,由盘区准备巷道开掘的若干条通向盘区的巷道称为盘区区段平巷(或称为煤房)。

1) 盘区准备巷道布置

通常在运输大巷两侧划分盘区进行开采,盘区准备巷道布置在盘区中央形成双翼盘区,而位于盘区一侧则形成单翼盘区。盘区准备巷道数目通常多于三条,即运输巷、进风巷和回风巷,多时有五六条。盘区准备方式主要有以下三种。

(1) 盘区内设盘区区段平巷。在区段平巷一侧或两侧布置煤房。区段平巷与盘区准备巷道垂直布置,区段平巷掘至盘区边界后,在其一侧布置煤房。一般盘区一翼长度达 500m 以上,煤房长度在 100～120m。相邻两区段可同时作业。区段平巷通常布置三条,其中一条作为回风巷,部分区段平巷煤柱在下区段开采时回收。

(2) 盘区内不设盘区区段平巷。在盘区准备巷道两侧或一侧直接布置煤房。在盘区准备巷道两侧掘进煤房,几个煤房组成一组同时掘进,由于留设煤柱较小,不进行回收。盘区准备巷道长度一般长达 800～1000m,一侧煤房长度达 100～120m。回采顺序盘区间为前进式,盘区内的一侧为前进式,而另一侧为后退式。盘区准备巷道为 3 条,长在 500～1000m,并在盘区边界开掘 2 条主回风平巷。在盘区一侧布置煤房,每两个煤房为一组同时掘进,直接与相邻盘区准备巷道贯通,煤房长度约 120m,煤房间的煤柱宽度为 10～15m,煤房若掘透即进行后退回收煤柱。

(3) 在大巷两侧直接布置煤房。由几个煤房组成一个盘区。其特点是出煤早,初期效益好。但这种布置方式存在大巷两侧煤柱切割严重,对通风、巷道维护及安全都不利等问题。

2) 盘区区段平巷

盘区区段平巷的数目一般为 3～9 条,常用的有 5 条。若盘区不受地质条件的限制,盘区倾斜长度为 150～200m,盘区走向长度为倾斜长度的 3～4 倍。

在巷道掘进及煤柱回收过程中,房式开采要确保巷道和煤柱的稳定,使其巷道围岩变形尽量小。在确定巷道宽度时,要考虑在满足运输、通风、供电、排水等情况下,尽可能减小巷道断面尺寸,使其支护简单,支护费用低。为确保设备的运行畅通，巷道宽度一般为 5~6m。

巷道煤柱或煤房煤柱位于巷道之间或煤房之间，它的形状通常为正方形或矩形，用以支护和维护巷道或煤房。煤柱尺寸是由上覆岩层的厚度、煤和底板的强度确定。常用的煤柱宽度为 14~15m，长度为 18~20m。

2. 房式开采生产系统

房式开采生产系统主要包括运煤系统、通风系统、供料系统、供电系统及排水系统等。

1）运煤系统

该系统包括煤房工作面系统和大巷运煤系统。煤房运煤系统多采用梭车运输，这种运输方式具有灵活、能满足较远距离运输的特点，且其部分空耗时间可与连续式采煤机进刀转向、连接风筒以及清理落煤等工序相平行。煤房工作面梭车运输系统布置如图 1-1 所示。大巷运煤系统根据矿井开拓方式的不同而有差异，一般采用较多的仍是带式输送机的运输。

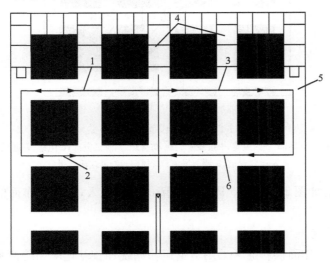

图 1-1　电缆梭车与蓄电池梭车运输路线图

1-1 号电缆梭车行车路线；2-2 号电缆梭车行车路线；3-空梭车行车路线

4-未采部分；5-装载点；6-重梭车行车路线

2）通风系统

由房式开采系统可知，房式开采至少包括进风巷、运输巷和回风巷三条巷道，煤房工作面通风系统如图 1-2 所示。新鲜风流由进风巷道 7 和运料巷道 8 到煤房工作面，再经回风巷 2 排出。一般每个工作面均有两条独立的进风巷。

通常情况下，煤房开采需要将新鲜风流引入工作面，常利用风障引入，一般采

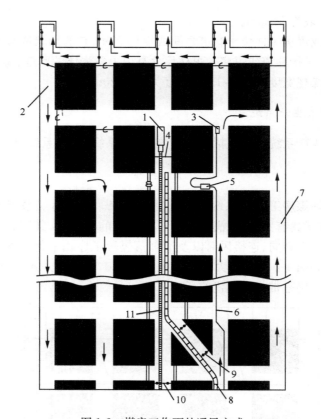

图1-2　煤房工作面的通风方式

1-给煤机与机尾部;2-回风巷;3-接线开关;4-防火风障;5-供电部;6-电缆;7-进风巷道;
8-运料巷道;9-调节风窗;10-风门;11-带式输送机

用抽出式通风,如图1-3所示。风流沿风障的宽侧进入,流经工作面的乏风沿风障窄侧排出。

　　3）供料系统

　　房式开采工作面供料通常采用轨道运输系统和胶轮运输系统两种。由于轨道运输系统运行速度快,且不需要进行大量的维护,因此,这是房式开采矿井常用的运料方式。但胶轮运输的选择与巷道底板的条件有关,当底板坚硬时,应优先选用胶轮车运输。

　　4）供电系统

　　一般煤房工作面的供电电压为440V、480V、550V或950V。在房式开采系统中,供电中心应便于移动。为了缩短电缆长度,供电中心距中间巷和机尾部应尽量近。

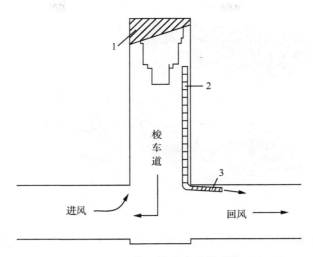

图 1-3 工作面抽出式通风系统
1-紊流区(无空气动力);2-风管;3-抽出式局部通风机

5)排水系统

煤房工作面排水系统一般与其他开采方式工作面排水系统一致,都根据工作面排水能力而定,排水泵是工作面常用的排水设备。

1.1.3 房式开采装备与工艺

1. 房式开采主要设备

房式开采主要设备有连续采煤机、运煤梭车、给料输送机和铲斗车、锚杆机等。

1)连续采煤机[13-18]

连续采煤机是 20 世纪 60 年代,美国根据其煤层地质条件和房式为主的采煤方法研发定型的房式采掘设备,是一种集破落、装运及行走机构于一体的采掘设备。它的组成部分主要有截割系统、运送系统、行走系统、动力系统和制动系统。连续采煤机的截割原理与滚筒式采煤机基本相同,而工作方式略有差异。

连续采煤机根据具体的采矿地质条件而确定型号,主要依据煤层厚度及煤的软硬程度区分,连续采煤机的外形结构以 12CM18-10D 型连续采煤机为例,如图 1-4 所示。

12CM18-10D 型是美国 JOY 公司 12CM 系列产品中的一种机型,是针对神东公司煤层地质条件而生产的一种性能比较先进的连续采煤机。采煤机动力设备有 7 台电动机,其中 2 台 140kW 交流电动机驱动截割机构的左、右截煤滚筒;2 台 26kW 直流电动机分别驱动行走部左、右履带;1 台 45kW 交流电动机驱动装载运

图 1-4　12CM18-10D 型采煤机

输机构,1 台 52kW 和 1 台 19kW 交流电动机分别驱动液压系统液压泵和湿式除尘装置的风机,装机总容量为 448kW。

连续采煤机既适用于房式、房柱式开采、边角煤开采、残留煤及煤柱回收,也可用于现代化安全高效长壁开采矿井的煤巷掘进。

2）运煤梭车

运煤梭车或称运煤车、梭车,又称自行矿车,由箱体、行走结构、卸载装置及司机室等主要部件组成,是自带驱动、自行卸载的胶轮大型运输矿车,是连续采煤机进行房式采煤与掘巷的配套设备之一。

运煤梭车是在连续采煤机与给料输送机之间,短距离穿梭运送煤炭的胶轮自行式运输设备,一般配备两台,在不大于 150m 的区间内往返穿梭运行。车速根据底板条件和运输情况而定,一般为 90～110m/min,卸载时间为 30～45s。用于开采中厚煤层的运煤梭车容量,一般为 7～16t,常用 10t,车身高度为 0.7～1.6m,长度为 8m 左右,宽度为 2.7～3.3m,自重为 11～18t。梭车底部通常安设双链刮扳输送机,由液压马达或单速及双速电动机驱动,作为卸载装置。按动力源不同可分为拖电缆式运煤车、蓄电池式运煤车、内燃机式运煤车三种。

3）给料输送机和铲斗车

给料输送机在连续采煤机工艺系统中配备一台,采用间断运输系统时,它搭接放置在带式输送机之前,随带式输送机的延伸或缩短而自行移动。其功能是将运煤车卸下的煤破碎至一定块度后,均匀地送到带式输送机中。在采用连续运输系统时,它的前端搭接放置在连续采煤机的中间刮板输送机卸载端下面,它的后端与转载机搭接,它的功能是将连续采煤机卸入的煤破碎至一定块度后,均匀地输送卸入转载机中。它采用交流电缆供电、履带行走、刮板输送机给料,受料端在工作时落地,移动时抬起。

铲车具有装、运、卸、拖拉及清理浮煤功能,在连续采煤机工艺系统中一般配备一台,承担辅助运输(材料、备件及工作面中小件设备的运输)及工作面巷道浮煤清理工作。具有铲斗和卸料板卸料装置,多为胶轮式行走。动力源有 3 种,即蓄电池、内燃机和交流电。前两种使用较多,而以蓄电池式使用性能最好。

4)锚杆机

锚杆支护是房式开采中维护顶板,保证生产安全的主要技术措施,也是循环作业中耗时较多的一道工序。因此,锚杆机的配备使用直接关系着房式开采技术的安全和高效。

锚杆机一般由钻箱、悬臂、支撑臂、托架、回转台、行走机构、液压和电气系统等组成,在电动机两侧有油泵和集水器。钻杆的旋转由液压马达驱动。悬臂、支撑臂和托架装在锚杆机的前端,由油缸驱动。悬臂和支撑臂上装有滑块和连杆使之垂直升降。回转台可以保证在机身不动的情况下,悬管能够横向摆动。开采中厚煤层用的单臂或双臂锚杆机可打 5.0m 深的锚孔,能在打眼后将锚杆推入孔中,再拧紧螺母。锚杆机都装有吸尘装置,利用管状空心钻杆将岩屑粉末吸到集尘器内,钻孔时没有粉尘到处飞扬。

2. 房式采煤工艺

连续采煤机采煤工艺系统按运煤方式的不同,可分为两种:一种是连续采煤机-梭车-转载破碎机-带式输送机工艺系统(简称连续采煤机-梭车工艺系统);另一种是连续采煤机-桥式转载机-万向接长机-带式输送机工艺系统(简称连续采煤机-输送机工艺系统)。前者是间断运输工艺系统,后者是连续运输工艺系统。

1)连续采煤机-梭车工艺系统

这种系统主要用于中厚煤层,有时也用于厚度较大的薄煤层。其工艺系统如图 1-5 所示。

工艺流程为:连续采煤机先采煤到一定进度(例如 6m),采煤机退出至另一煤房采煤,梭车进入装煤运煤,随后锚杆机进入,进行支护;采煤机与锚杆机轮流进入煤房作业;为了将煤匀速送入带式输送机,在输送机前面设置了转载破碎机,以利于梭车快速卸载、并破碎大块煤。

这种工艺系统与传统工艺系统相比,机械化程度高,大大减少了作业人员班作业制,每班配备 7~9 人,工效较高。

2)连续采煤机-输送机工艺系统

这种系统是将采煤机采落的煤,通过多台输送机转运至带式输送机上,如图 1-6 所示。连续运输设备是由一台桥式转载机和三台万向接长机(自行输送机、互相铰接)、一台胶带输送机组成。

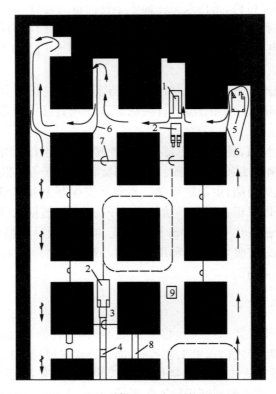

图 1-5　连续采煤机-梭车运输工艺系统

1-连续采煤机；2-梭车；3-转载破碎机；4-胶带输送机；5-锚杆机；6-纵向风障；7-风帘；8-风墙；9-电源中心

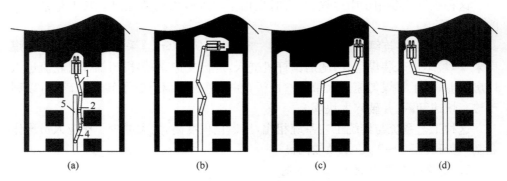

图 1-6　连续采煤机-输送机工艺系统

1-桥式转载机；2~4-万向接长机；5-胶带输送机

1.2 房式开采现状及其引发灾害问题

1.2.1 房式开采现状及煤柱分布情况

1. 房式开采国内外现状[19-23]

房式开采法是采煤方法上应用较早的一种柱式体系采煤法,实质上这种柱式体系采煤方法还包括房柱式采煤法,柱式体系采煤法的本质就是在煤层中开掘一系列宽为 5~7m 的煤房,煤房间用联络巷相连,形成的煤柱根据形状有长条的,也有块状的,其宽度为 5~10m 不等,采煤工作是在煤房中进行,煤柱根据条件留下不采或在煤房采出后再按要求尽可能的采出,一般留下煤柱不采的方式称为房式采煤法,既采煤房又采煤柱的称为房柱式采煤方法。事实上在国内外由于各种各样的原因,不采煤柱的情况较多,因此房式开采的情况较为普遍。

1) 房式开采国外现状

在美国,井工开采中 50% 以上的煤是由这种类型的采煤法采出的,经过几十年对机械化采煤的不断改进和配套,已经形成了一整套以连续采煤机为中心的设备体系以适应房式采煤法。

当前在国外,尤其是在美国煤炭资源分布较广、地质构造简单、煤层赋存浅而平缓,直到现今仍然采用房式短壁采煤法,而且矿井生产效率比欧洲高 1.5~2.0 倍。目前对短壁开采技术的研究,多集中在采煤机械的性能提高研究上。先进的机械设备保证了经济效益与安全生产。在美国房式采煤法的基础上,澳大利亚、南非等国家引进了美国的连续采煤机,结合其具体条件试验成功了一种新的采煤方法,这种采煤方法在澳大利亚称为"旺格维利"采煤法,在南非称为"西格玛"采煤法,在当地均获得了良好的技术经济效果。目前,全世界使用的连续采煤机有3000 台以上,其中 90% 左右都在美国。其中澳大利亚使用了 300 台以上,占井工产量的 90% 以上;南非使用了百台以上,占井工产量的 75% 左右;此外,中国、印度、日本都有使用。其实根据不同的地质条件,国外早就对"传统的"房式开采进行了现代化改造,以大幅度提高采出率和机械化作业程度为手段,并且加强了安全程度。

2) 房式开采国内现状

在我国,房式开采类型主要包括小煤窑乱采形成无规律的房式开采模式、规则的"品"字形开采模式、规则的"晶"字形开采模式、混合开采模式。

(1) 小煤窑乱采形成无规律的房式开采模式。我国陕西榆林地区、内蒙古、山西地区小煤窑分布广泛,由于资金匮乏,小煤窑多采用投资相对较低、安全性相对较高的房式开采方法,为了单纯地追求利益加上缺乏技术支持,小煤窑开采多出现无规律开采。其开采后遗留的煤柱呈现无规律分布。

(2)规则的"品"字形开采模式。规则的"品"字形开采模式主要特征在于煤房开采后煤柱呈现"品"字形分布,该方法煤炭采出率相对较高,适用于顶底板稳定、坚硬的地质条件,其工作面布置如图1-7所示。

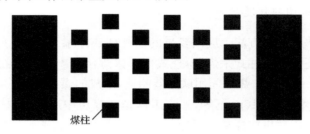

图 1-7 "品"字形开采模式

(3)规则的"品品"字形开采模式。"品品"字形开采是房式开采采用的最为常用的开采模式,其主要特征在于煤房开采后煤柱呈现"品品"字形分布,在我国多用于回收三下压煤控制地表下沉,其工作面布置如图1-8所示。

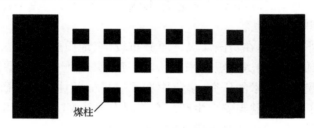

图 1-8 "品品"字形开采模式

(4)混合开采模式。由于煤矿开采水平的不断发展,在多数矿井形成以房式开采为主、多种开采方法相结合的局面,因此同一个矿井乃至同一个采区形成了以房式开采为基础的混合开采模式,如"品"字形与"品品"字形相结合、长壁开采与房式开采相结合、条带开采与房式开采相结合等,根据实际的煤层赋存条件可灵活选择混合开采的具体模式。

2. 国内房式煤柱遗留分布地区

房式开采在我国西北部地区普遍存在,主要集中在我国的陕西、内蒙古、山西等地区。鄂尔多斯矿区是房式采煤方法应用较为广泛的区域。鄂尔多斯煤田也是世界八大煤田之一,是我国主要煤炭基地,该煤田横跨内蒙古、山西、陕西地区,其煤炭储量多达 2300 亿 t,占我国探明总储量的 22.6%,该区长期应用房式采煤法开采,在近 160 亿 t 的可采储量中资源回收率仅占 36%～40%,大约 66 亿～70 亿 t 资源成为煤柱。

1.2.2　房式煤柱引发的矿区灾害问题

房式开采虽然具有投资低、管理简单、生产效率高等优点,但这种采煤方法遗留的煤柱将对矿井安全及周边生态环境等造成一系列的灾害,主要包括矿井安全、水环境、生态环境和地质灾害等方面[24-31]。

1. 矿井安全问题

1)煤层自燃

房式采煤工作面靠采空区回风和扩散通风,通风质量较差,加之,工作面残留煤柱和浮煤量多,煤层氧化速度加快,煤层自燃发火趋势明显增强,影响矿井的安全生产,同时也严重威胁矿区周围的空气环境质量。

2)矿震

煤柱经过矿井水的长期浸泡和不断风化,强度降低,在外力的作用下,大面积煤柱出现突然失稳形成矿震,对矿井安全生产产生极大影响。以陕西省北部榆林地区为例,2012 年房式煤柱突然失稳引发的 2.0 级以上塌陷型地震 19 次,2014 年 2.0 级以上塌陷型地震高达 117 次。

3)生产安全

房式开采形成的遗留煤柱稳定性问题在矿井生产中至关重要,在开采房式开采上位或下位煤层时,以及在煤柱二次回收或者交叉区域回收实体煤开采中较为明显,常见的生产安全问题包括支架压死、煤壁片帮、冒顶等,这些安全隐患的主要原因在于房式开采引起地应力重新分布,以及遗留煤柱或者区域实体煤开采带来的极其复杂的应力场叠加,从而威胁矿井安全生产。

2. 水环境问题

房式开采遗留煤柱失稳后,对于埋藏较浅的矿井而言,导水裂隙高度基本都到达地表,将对地表水系造成较严重的影响,房式开采造成地表水大面积渗漏,也将地下水严重破坏。以榆林市神木县煤矿为例,矿坑排水总量约为 $1090 \times 10^4 \mathrm{m}^3/\mathrm{a}$。地表水破坏较为明显的是一些矿井泉眼的干枯和主要的河流变成季节性河流,这些河流在夏季出现完全断流,仅在雨后才有少量水,如图 1-9 所示。

3. 生态环境问题

1)地面坍塌

当地下煤炭资源通过房式开采后,采空区周边岩体的原始应力平衡状态被打

图 1-9　河流枯竭

破,经过应力重新分布达到新的平衡。在此过程中,岩层和地表将产生连续的移动、变形。同时煤柱在长时间支承应力的作用下失稳,上覆岩层产生非连续的破坏(开裂、垮落),发育至地表形成地表移动或塌陷。形成的地表裂缝和塌陷坑如图 1-10所示。

(a) 地表裂缝　　　　　　　　　　　　　(b) 塌陷坑

图 1-10　房式开采对地表影响

2) 植被破坏及沙漠化

房式开采主要集中在我国陕西、内蒙古、山西等地区,这些地域原本生态环境脆弱、野生植被覆盖度较低,属于干旱半干旱地区,一旦房式煤柱出现大面积失稳,地表将产生塌陷,表面覆盖的植被根部被拉扯断,直接导致植被枯萎死亡,植被减少,同时房式开采也会对地下水位产生重要影响,地下水处在一个不断运动、发展和交替的过程,但是由于房式开采的扰动及矿井疏排水,破坏了地下水的径流平衡,改变了地表水径流和汇水条件,使得地下水位大幅度下降,地表水系流量减少,甚至干涸,导致植被因缺少水源而枯萎死亡。植被可以涵养水源、改良土壤、增加地面覆盖、防止土壤侵蚀进而减少土壤养分流失,是生态系统进行物质循环和能量交换的枢纽,是防止生态退化的物质基础,随着矿区内大面积的植被死亡,矿区将逐渐出现沙漠化现象,如图 1-11 所示。

图 1-11　矿区地表沙漠化

3) 生态链破坏及物种多样化消失

从物种相对丰富程度、可用水的数量、物质空间或容积大小、动植物聚集地和生态系统等环境来看,生物种类多样化是任何特定的社会或生态系统相对稳定的标志。由于房式开采造成矿区植被破坏,使得生态链中依赖于植物的动物也难以生存,矿区内的物种多样性面临着直接威胁。长此以往矿区将出现生态链破坏,物种消失问题。

4. 地质灾害问题

1) 岩土体崩塌

崩塌是陡坡上的部分岩土体沿一个极少或无剪切位移的面脱离,随之脱离体通过坠落、跳跃和滚动等方式在空中下降的斜坡破坏类型。研究表明,岩土体的崩塌主要发育在节理发育的坚硬岩石中,土质崩塌主要发育在节理发育的第四纪风成黄土中。崩塌除与地形地貌、地层岩性、降雨、气候、植被等有关,主要的致灾因素还是人类工程活动,特别是采矿活动。房式开采使得采空区遗留大量的煤柱,而采空区顶板岩石受到应力变形后会发生沉陷,即采煤沉陷,最后对地表产生一定的影响,在切割较强烈地段诱发岩土体的崩塌,如图 1-12 所示。

2) 山体滑坡

滑坡主要发育在黄土丘陵区及土石丘陵区,尤以黄土丘陵区最为发育,具有数量多、规模大且集中发育的特点。软弱岩层区是诱发滑坡的主要区域,我国西北煤炭主要赋存地区煤系地层发育较好,其顶底板岩性多为砂岩、泥质页岩互层,这些地层,岩性都比较弱,在风化作用、水及其外力作用(煤层开采)影响下,容易形成软弱层,因此房式开采在该地区内也将引发山体的滑坡。

图 1-12　岩土体崩塌

1.3　房式开采煤柱回收方法

传统回收房式开采煤柱的方法有劈柱式、外进式、圣诞树式、肋条式、开端式、旺格维里采煤法等；充填回收房式开采煤柱的方法有抛料充填回收房式煤柱法、固体充填回收房式煤柱法等[32-42]。本节主要介绍劈柱式回采方法、仓翼式回采方法、外进式回采方法、开端式回采方法及综合机械化采煤法回收煤柱，以及抛料充填回收房式煤柱与综合机械化固体充填回收房式煤柱。

1.3.1　传统回收房式开采煤柱方法

1）劈柱式回采方法

劈柱式回采方法是美国最普遍的煤柱回采方法，如图 1-13 所示。

这种采煤方法，按一定的切割顺序开采整个煤柱，劈柱通常平行于煤柱的长边。这种回采方式使煤柱形成一条劈柱和两条窄煤柱。劈柱内的顶板可用锚杆、点柱、坑木支护，或根据需要选用混合支护方式，然后从煤柱的劈柱内或相邻的平巷上加设点柱来回采窄煤柱。为了避免出现窝工的状况，这种回收方法必须保证有足够数量的作业点，应同时回采多个煤柱。切割的顺序可以根据连续运输方式或使用的开采设备进行调整。

2）仓翼式回采方法

仓翼式回采方法主要用于回采大煤柱，允许在同一个煤柱中有两个作业点，在煤柱的采空区侧开掘仓房，仓房间通常按顺序进行切割，保证为开采和锚固顶板提供空间，在仓房和采空区间留下一翼或窄煤柱，当仓房采完后再回收翼部煤柱，直到煤柱剩下最后残柱或无法推采时，再开掘另外的仓房和回采翼部煤柱，可从联络横贯上回收煤柱，如图 1-14 所示。

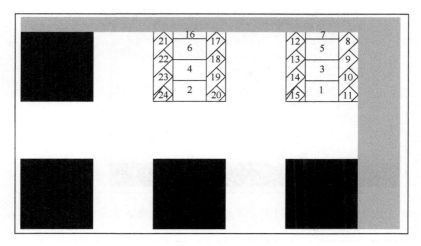

图 1-13　劈柱式回采法切割顺序

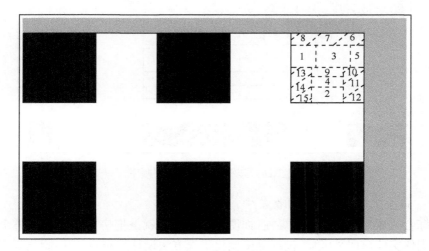

图 1-14　仓翼式回采法切割顺序

3）外进式回采方法

外进式回采方法仅适用于回采小煤柱,回收方式多种多样十分灵活,主要取决于具体条件、煤柱尺寸和设备等因素,切割顺序从采空区附近开始,向未采动的煤体推进,如图 1-15 所示。

4）开端式回采方法

开端式回采方法多为传统的采矿设备的矿井所采用。通常采用从煤柱一侧开切口的开采顺序,多达 6 个煤柱可同时进行切割,这样每个煤柱可分别处于掏槽、钻眼、爆破、装运和锚固顶板 5 项传统作业的不同阶段,如图 1-16 所示。

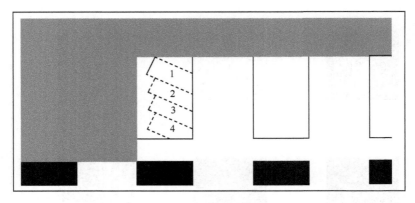

图 1-15　外进式回采法切割顺序

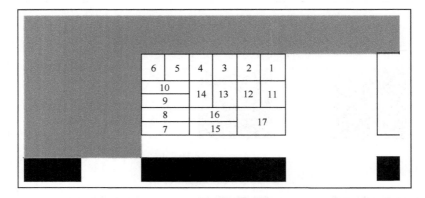

图 1-16　开端式回采法切割顺序

5) 综合机械化采煤法回收煤柱

综合机械化采煤法回收煤柱,如图 1-17 所示,就是把房式开采后的整个开采区域当作实体煤回采区域,按综合机械化采煤方法设计工作面尺寸,根据煤层及其顶底板岩性,合理选择液压支架的型号,并设计合理的工作面布置方式和煤房超前加固方式。

(a) 平面图

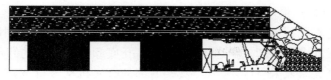

(b) 剖面图

图 1-17 综合机械化采煤法回收煤柱

1.3.2 充填回收房式开采煤柱方法

1）抛料充填回收房式煤柱

抛料充填回收房式煤柱是指利用抛料机向采空区抛投充填材料,充填体取代房式遗留煤柱支撑采空区顶板。充填采煤过程中沿工作面布置方向多列房式煤柱划分为一个工作面,在推进方向上顺序回收房式煤柱。相邻工作面之间留设一列或者多列房式煤柱并挂挡风帘的煤柱回收方法,如图 1-18 所示。

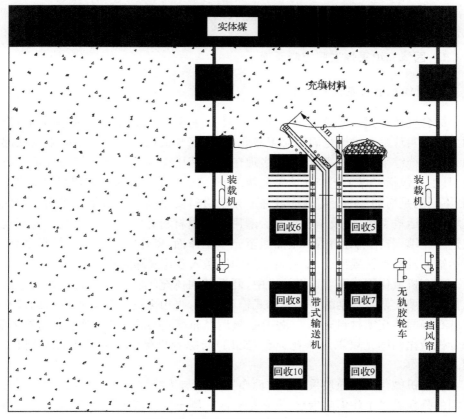

图 1-18 抛料充填回收房式煤柱

2）综合机械化固体充填回收房式煤柱

该方法是将矸石等固体充填材料通过运料系统输送至悬挂在固体充填采煤液压支架后顶梁的多孔底卸式输送机上,再由多孔底卸式输送机的卸料孔将矸石等固体充填材料充填入采空区,最后经支架后部的夯实机构进行夯实。充填采煤过程中沿工作面布置方向将多列房式煤柱划分为一个工作面,在推进方向上顺序回收房式煤柱。相邻工作面之间留设一列或者多列房式煤柱并挂挡风帘的煤柱回收方法。如图 1-19 所示。

图 1-19　综合机械化固体充填回收房式煤柱

1.4　固体充填采煤岩层移动特征

1.4.1　固体充填采煤岩层控制原理

1. 固体充填采煤技术原理

综合机械化固体充填采煤技术[43-61]是指在综合机械化采煤(简称综采)作业面上同时实现综合机械化固体充填作业,是在综合机械化采煤的基础上发展起来的。与传统综采相比较,该技术可实现在同一液压支架掩护下采煤与充填并行作业,其工艺包括采煤工艺与充填工艺两部分。其中,采运煤系统与传统综采完全相同,不同的是增加了一套将地面或井下充填材料安全高效输送至工作面采空区的充填材料运输系统,以及位于支架后部用于充填材料夯实的夯实系统。为实现高效连续充填,若充填材料需从地面运至充填工作面,则还需建设一个投料系统、井下运输巷及若干转载系统,最后将充填固体送入多孔底卸式输送机。

综合机械化固体充填采煤技术中,矸石等固体充填材料通过运料系统输送至悬挂在充填支架后顶梁的多孔底卸式输送机上,再由多孔底卸式输送机的卸料孔将矸石等固体充填材料充填入采空区,最后经充填支架后部的夯实机构进行夯实。综合机械化固体充填采煤作业原理(支架)与综合机械化采煤作业原理对比,如图 1-20 所示。

综合机械化固体充填采煤工作面布置方式与传统综采工作面布置基本相同,不同的是在采煤工作面的后部,即在采空区一侧布置充填作业面,再在工作面进风巷内布置一条固体充填材料的带式输送机,将固体充填材料输送至多孔底卸式输

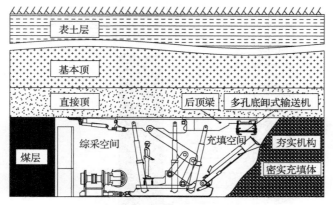

(a) 综合机械化固体充填采煤工作面

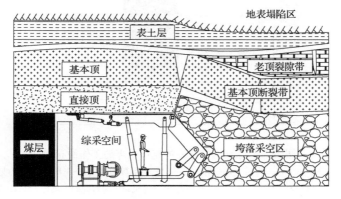

(b) 综合机械化采煤工作面

图 1-20　综合机械化固体充填采煤与综合机械化采煤工作面对比示意图

送机上,实现充填与采煤在同一工作面系统中并行作业,如图 1-21 所示。

2. 充实率 φ 概念与意义

固体充填采煤的效果评价通过充实率直观评价。充实率是指在充填采煤中达到充分采动后,采空区内的充填材料在覆岩充分沉降后被压实的最终高度与采高的比值,则充实率 φ 表达式为

$$\varphi = \frac{M-H_z}{M} = \frac{M-[h_x+h_q+\eta(M-h_x-h_q)]}{M} \tag{1-1}$$

式中: M 为采高,m; H_z 为采空区顶板下沉量,m; h_x 为充填前顶板提前下沉量,m; h_q 为充填欠接顶量,m; η 为充填体压实率。

由充实率 φ 的概念可知,充实率将直接影响着固体充填采煤过程中采场覆岩

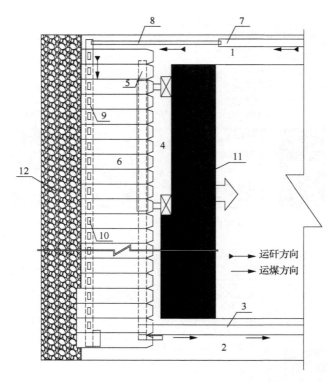

图 1-21　综合机械化固体充填采煤的工作面布置

1-回风平巷；2-运输平巷；3-运煤带式输送机；4-采煤机；5-刮板输送机；6-充填采煤液压支架；7-运矸带
式输送机；8-充填材料转载输送机；9-多孔底卸式输送机；10-卸料孔；11-煤体；12-采空区充填体

变形特征。理论与实践表明，当充实率 φ 较小时（一般小于 50%），直接顶随着工作面的推进而发生垮落，基本顶也随之发生垮落，最终导致主关键层的破断，其采动岩层破坏变形特征与采用全部垮落法处理顶板相同；当充实率 φ 为 50%～70%时，直接顶与基本顶仍然随着工作面的推进而发生垮落，但由于直接顶、基本顶等垮落的岩层都具有一定的碎胀性，使主关键层仅存在一定的弯曲下沉而不发生断裂，显著缓解了煤层开采而引起的矿压显现，减小了地表沉陷量；当充实率 φ 继续增大至 70%～90%，充填体能够限定直接顶与基本顶下沉，使直接顶或基本顶不发生破断，上覆岩层均以弯曲下沉为主，只有局部出现裂隙，而不存在垮落带[62-83]。

3．固体充填采煤岩层控制的关键

固体充填采煤技术主要是解决实施密实充填的充填空间、充填通道和充填动力问题。在综合机械化固体密实充填采煤技术中，工作面前部采煤过后，工作面后部的充填系统必须在顶板垮落与下沉之前将矸石等充填材料运输至采空区进行充填并夯实,实现密实充填,具有以下三个特点。

(1) 保证采煤过后采空区顶板不垮落、不(或较小)下沉,提供相对独立安全的作业掩护空间,以掩护固体物料安全高效运输及夯实作业,为采空区矸石充填提供空间(充填掩护空间)。

(2) 形成充填材料的连续输送通道,安全高效地将矸石等固体充填材料运输至采空区进行充填(充填通道)。

(3) 解决固体充填材料卸载至采空区并进行致密夯实的动力及方式,保证固体充填材料在采空区被充分夯实,使固体物料形成致密的充填体,以取代原有空间煤炭支撑顶板,保证采空区的上覆岩层完整性(充填动力)。

充填空间、充填通道和充填动力三大难题是充填采煤技术发展的瓶颈,在综合机械化固体充填采煤技术中,采用如下方法解决三大技术难点。

(1) 拆除传统综采液压支架的掩护后顶梁,代之以后顶梁,将固体直接充入后顶梁掩护的空间内,而不是采空区内,保证操作人员的安全,解决作业掩护空间难题。

(2) 在充填采煤液压支架后顶梁下部悬挂多孔底卸式输送机,其与布置在运矸巷道内的带式输送机及转载输送机配合,实现固体物料定时定点定量向充填空间运输,从而解决物料输送通道难题。

(3) 在充填采煤液压支架的底座后部设置物料夯实机构,利用该夯实机构对从多孔底卸式输送机的卸料孔卸下的固体充填材料进行夯实,以形成密实的充填体,取代原有空间的煤炭来支撑顶板,从而解决充填动力难题。

1.4.2 固体充填采煤岩层控制方法

1. 等价采高理论

1) 固体充填采煤等价采高[84-96]

目前,传统综采矿山压力与地表沉陷分析结果的影响主要因素之一为采高,而充填采煤由于开采后采空区充填入固体充填材料,充填体占据了覆岩层垮落的空间,相当于降低了采高。理想的岩层运动控制是采出多少煤炭后充入等量体积的固体,即岩层绝对不运动,地表无任何沉陷变形量,而用现有人工办法这是无法做到的。现有充填采煤的工业性试验多数在"三下"压煤状况下开展,若完全依靠实测的办法来研究岩层运动规律也是不现实的。因此,为了对比分析传统综采与固体充填采煤的采场矿压与岩层移动(地表沉陷)的需要,这里引出"等价采高"的概念,即等价采高为工作面采高减去采空区固体充填体压实后的高度。等价采高大小与实际采高、充填体剩余压实度、充填前顶板下沉量和欠接顶量等因素密切相关。

运用等价采高的概念,可以将固体充填采煤视为"极薄煤层"开采,则可用传统矿压理论与地表沉陷等方法分析固体充填采煤中的矿压显现和地表沉陷规律。这是一种极限分析方法,得到的支架载荷、巷道变形、支承压力及地表变形等参数都是其上限值。

2) 固体充填采煤等价采高关键参数的确定

等价采高是充填体经过上覆岩层载荷长期压实流变以后的等量最大开挖高度。采用传统岩层移动和地表沉陷分析方法,由等价采高计算预计出的岩层移动和地表沉陷量即为最大极限量,这正是工程实践中所需要的预测指标。因此,充填采煤等价采高相关参数的确定是研究上覆岩层运动及地表沉陷预计的关键。

固体充填采煤工作面实际采高可直接测得。充填体剩余压实度是指充填体所受应力由压实机压应力增加至上覆岩层压应力时应变的增加值,它与上覆岩层载荷、充填材料的性质及充填材料的初始压实度相关,上覆岩层载荷参数通过地层柱状可以获取,而充填材料的性质及充填材料的初始压实度均可通过岩石力学实验方法测得。

欠接顶量是指充填体未接顶距离,它与充填材料、采矿条件、充填工艺和施工管理等因素有关,需根据一定的经验数据,并结合现场实测数据进行校正。

根据"三下"开采岩层运动的设防参数,总能得到一个上覆岩层移动或地表下沉所能承受的最大的开采极限厚度,而该值不能大于充填采煤的等价采高。研究充填材料压实性能,掌握等价采高关键参数的确定,对实现固体充填采煤控制岩层运动及地表沉降具有重要意义。

2. 基于连续介质地表沉陷控制理论

1) 基于等价采高的概率积分法模型

随着长壁工作面的推进,采空区顶板岩层首先在自重应力及上覆岩层重力的作用下,产生向下的移动和弯曲,当其内部应力超过岩层的抗拉强度时,直接顶首先断裂、破碎并相继垮落,而基本顶岩层则以梁、板形式沿层面法向移动、弯曲,进而产生断裂、离层,这一过程随工作面推进不断重复,直至上覆岩层达到新的应力平衡状态。从上述分析可以看出,岩层移动的主要原因是煤炭的开采打破了上覆岩体的应力平衡状态,而垮落岩石的碎胀有效减小了上覆岩体的下沉空间,是岩层移动停止的关键因素。充填物料充填采煤就是通过机械化充填设备将充填物料充入采空区限制顶板垮落下沉来达到控制上覆岩层移动和减轻地表沉陷的目的。充填采空区的充填物料占据了上覆岩层的下沉空间,相当于减小了开采厚度;如同岩层移动后期主要是破碎岩体的压实和上覆岩体中离层、裂隙的闭合一样,固体充填采煤岩层移动后期也主要体现为充填体的压实沉降。在充填采煤现场实践中,其中十分重要的控制指标之一是地表沉陷参数。

根据固体充填采煤沉陷控制的基本原理和模拟研究成果,充填采空区的充填物料占据了上覆岩层的下沉空间,相当于大幅度减小了开采高度;固体充填采煤引起的地表沉陷就相当于充填物料充填体经充分压实后的等价采高所引起的地表沉陷。因此,固体充填采煤地表沉陷可采用基于等价采高的常规垮落法地表沉陷预测方法进行沉陷预计。

概率积分法的数学模型如下。

(1) 地表任意点 $A(x,y)$ 的下沉值 $W(x,y)$,见式(1-2)。

$$W(x,y) = W_{cm}C_{x'}C_{y'} \tag{1-2}$$

式中:W_{cm} 为充分采动条件下地表最大下沉值,$W_{cm} = mq\cos\alpha$;m 为采出煤层厚度;q 为地表下沉系数;α 为煤层倾角;$C_{x'}$,$C_{y'}$ 为待求点在走向和倾向主断面上投影点处的下沉分布系数;x、y 为待求点坐标。

(2) 地表任意点 $A(x,y)$ 沿 φ 方向倾斜变形值 $T(x,y)\varphi$,见式(1-3)。

$$T(x,y)\varphi = T_xC_{y'}\cos\varphi + T_yC_{x'}\sin\varphi \tag{1-3}$$
$$T(x,y)\varphi + 90 = -T_xC_{y'}\sin\varphi - T_yC_{x'}\cos\varphi;$$
$$T(x,y)m = T_xC_{y'}\cos\varphi_T + T_yC_{x'}\sin\varphi_T$$

式中:$\varphi_T = \arctan(T_yC_{x'}/T_xC_{y'})$;$T(x,y)m$ 为待求点的最大倾斜值,mm/m;φ_T 为最大倾斜值方向与 OX 轴的夹角(沿逆时针方向旋转),(°);T_x,T_y 分别为待求点沿走向和倾向主断面上投影点处迭加后的倾斜变形值,mm/m。

(3) 地表任意点 $A(x,y)$ 沿 φ 方向的曲率变形 $K(x,y)\varphi$,见式(1-4)。

$$K(x,y)\varphi = K_xC_{y'}\cos2\varphi + K_yC_{x'}\sin2\varphi + (T_xT_y/W_{cm})\sin2\varphi$$
$$K(x,y)\varphi + 90 = K_xC_{y'}\sin2\varphi + K_yC_{x'}\cos2\varphi - (T_xT_y/W_{cm})\sin2\varphi \tag{1-4}$$
$$K(x,y)_{max} = K_xC_{y'}\cos2\varphi + K_yC_{x'}\sin2\varphi + (T_xT_y/W_{cm})\sin2\varphi k$$
$$K(x,y)_{min} = K(x,y)\varphi + K(x,y)\varphi + 90 - K(x,y)_{max}$$

式中:$K(x,y)_{max}$,$K(x,y)_{min}$ 分别为待求点最大、最小曲率变形值;K_x,K_y 分别为待求点沿走向及倾向在主断面投影处迭加后的曲率值。

(4) 地表任意点 $A(x,y)$ 沿 φ 方向的水平移动值 $U(x,y)\varphi$,见式(1-5)。

$$U(x,y)\varphi = U_xC_{y'}\cos\varphi + U_yC_{x'}\sin\varphi$$
$$U(x,y)\varphi + 90 = -U_xC_{y'}\cos\varphi + U_yC_{x'}\sin\varphi \tag{1-5}$$
$$U(x,y)_{cm} = U_xC_{y'}\sin\varphi u + U_yC_{x'}\cos\varphi u$$

式中:φ_u 为最大水平移动方向与 OX 轴的夹角;$\varphi_u = \arctan(U_yC_{x'}/U_xC_{y'})U_x$,$U_y$ 分别为待求点沿走向和倾向在主断面投影点处的水平移动值,mm。对于倾斜方向需加 $C_{y'} \cdot W_{cm} \cdot \cot\theta$。

（5）地表任意点 $A(x,y)$ 沿 φ 方向的水平变形值 $\varepsilon(x,y)\varphi$，见式(1-6)。

$$\varepsilon(x,y)\varphi = \varepsilon_x C_{y'}\cos 2\varphi + \varepsilon_y C_{x'}\sin 2\varphi + [(U_x T_y + U_y T_x)/W_{cm}] \cdot \sin\varphi \cdot \cos$$

$$(1-6)$$

$$\varepsilon(x,y)\varphi + 90 = \varepsilon_x C_{y'}\sin 2\varphi + \varepsilon_y C_{x'}\cos 2\varphi - [(U_x T_y + U_y T_x)/W_{cm}] \cdot \sin\varphi \cdot \cos\varphi$$

$$\varepsilon(x,y)_{\max} = \varepsilon_x C_{y'}\cos 2\varphi_\varepsilon + \varepsilon_y C_{x'}\sin 2\varphi\varepsilon + [(U_x T_y + U_y T_x)W_{cm}] \cdot \sin\varphi_\varepsilon \cdot \cos\varphi_\varepsilon$$

$$\varepsilon(x,y)_{\min} = \varepsilon(x,y)\varphi + \varepsilon(x,y)\varphi + 90 - \varepsilon(x,y)_{\max}$$

式中：$\phi_\varepsilon = \dfrac{1}{2}\arctan\dfrac{U_x T_y + U_y T_x}{W_{cm}(\varepsilon_x C_{y'} - \varepsilon_y C_{x'})}$；$\varepsilon(x,y)_{\max}$，$\varepsilon(x,y)_{\min}$ 为待求点最大、最小水平变形值；ε_x，ε 为待求点沿走向及倾向在主断面投影处迭加后的水平变形值。

2）固体充填采煤等价采高关键参数的确定

固体充填采煤地表沉陷预计参数包括：下沉系数、水平移动系数、主要影响角正切、拐点偏移距和主要影响传播角。我国大部分矿区基本都通过地表移动观测资料求取了全部垮落法开采地表沉陷预计参数，而固体充填采煤的岩层和地表移动过程相当于全部垮落法上覆岩层中微小断裂带、弯曲下沉带的移动变形过程。在缺乏实测资料时可采用下述方法确定地表移动变形预计所需参数：

（1）下沉系数。下沉系数为充分采动条件下地表最大下沉值与煤层采高的比值。随着煤层采高的增加，全部垮落法开采、固体充填采煤的下沉系数均随着采高的增加而略有减小，且随着采高的增加，两种条件下下沉系数之间的差异逐渐增加；在煤层采高较小时，如采高为 0.5m 时，两种条件下下沉系数基本相当，这主要是因为极薄煤层条件下，全部垮落法开采的覆岩移动、破坏形式与固体充填采煤基本一致；随着采深的增加，基岩厚度在整个覆岩中所占比例增加，相当于覆岩岩性变硬，垮落法开采和固体充填采煤的下沉系数逐渐减小，但固体密实充填下沉系数减小幅度小于垮落法开采的减小幅度；随着采深的增加，垮落法开采和固体充填采煤下沉系数差值逐渐增加。

（2）主要影响角正切 $\tan_\beta$。主要影响角正切是反映充分采动条件下地表移动盆地内外边缘区范围的参数，主要体现了地表移动稳定后地表变形的集中程度。根据我国地表移动观测站总结资料，充分采动条件下主要影响角正切与覆岩的岩性、采深及煤层倾角有关，覆岩越硬，$\tan_\beta$ 越小；煤层倾角越大，$\tan_\beta$ 越小；采深越大，$\tan_\beta$ 越大。其值一般为 1.2～2.6。

与全部垮落法开采相比，固体充填采煤的覆岩移动特征有较大不同，不发育垮落带和严重断裂带，主要呈现弯曲下沉带特征；地表移动变形相对缓和，因此其主要影响角正切 $\tan_\beta$ 偏小。

根据相似材料模拟实验结果分析研究表明，固体充填采煤主要影响角正切值比类似覆岩条件下全部垮落法开采时要小 0.2～0.5。建议在基于等价采高的概率积分法参数主要影响角正切 $\tan_\beta$ 时,可在类似条件下的薄煤层全部垮落法主要影响角正切值的基础上减去 0.2~0.5,但确定的主要影响角正切值最小应不小于 1.0。

(3) 拐点偏移距。垮落法开采由于通常采空区边界存在悬臂梁,在采空区边界存在空洞,减小了垮落岩体移动空间,实质上相当于缩小了采空区尺寸,为了准确预计地表变形引入了拐点偏移距,一般岩性越硬拐点偏移距越大。

对于固体充填采煤而言,等价采高为虚拟采高,拐点实际上不再具有垮落法的物理意义,拐点含义应理解为采空区边界充填体未受压缩的长度。因此,基于等价采高的概率积分法模型的拐点偏移距应当适当增加,但从预计可靠性角度考虑,固体充填采煤预计时拐点偏移距可直接取薄煤层垮落法开采拐点偏移距,或者直接取 0。

(4) 水平移动系数。水平移动系数为地表最大下沉值与最大水平移动值之间的比值;水平移动系数主要与松散层厚度、煤层倾角有关。就垮落法开采与固体充填采煤而言,两者的水平移动系数基本相当。

(5) 开采影响传播角。开采影响传播角是倾斜煤层开采时沿倾向方向地表移动和变形预计的特有参数,反映了倾斜煤层开采时地表移动盆地向下山方向偏移问题。开采影响传播角主要与煤层倾角有关,固体充填采煤与全部垮落法开采的主要影响传播角基本相当。

3. 矿压显现与岩层移动规律[97-115]

用传统的垮落法管理顶板时,采空区上覆岩层直至地表的整体移动破坏特征可分为"三带",即由下向上岩层移动分为垮落带(冒落带)、裂缝带(断裂带)和弯曲下沉带,如图 1-22 所示。覆岩"三带"特征如下。

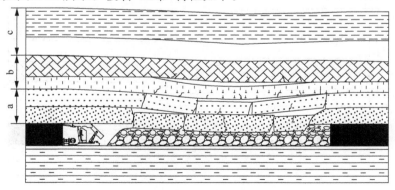

图 1-22 垮落法开采岩层移动规律示意图

a-垮落带;b-裂缝带;c-弯曲下沉带

（1）煤层开采完后顶板发生破坏并向采空区垮落的岩层范围称为垮落带。垮落带一般是由直接顶垮落后形成的，其高度一般为2～3倍采高，根据垮落带岩块的移动破坏特征及堆积分布的形态可分为不规则垮落带和规则垮落带。在不规则垮落带中破断后的岩块失去了原有层位，呈杂乱堆积状况，排列也极不整齐；而规则垮落带内岩块堆积较为整齐。垮落带内岩块的松散系数较大，一般可达1.3～1.5，但经重新压实后，碎胀系数可降到1.05～1.10。

（2）垮落带上方岩层产生裂缝或断裂，破断岩块间存在水平力的传递作用并保持其原有层状的岩层范围称为裂缝带（断裂带）。垮落带与裂缝带合称"两带"，又称为"导水裂隙带"，意指上覆岩层含水层位于"两带"范围内，将会导致岩体水通过岩体破断裂缝流入采空区和回采工作面。"两带"高度和覆岩岩性、煤层采高有关，覆岩岩性越坚硬，"两带"高度就越大。一般情况下，软弱岩层的"两带"高度为采高的9～12倍，中硬岩层为采高的12～18倍，坚硬岩层为采高的18～28倍。

（3）自裂缝带顶部到地表的所有岩层称为弯曲下沉带。弯曲下沉带内岩层移动的显著特点是岩层移动过程具有连续性和整体性，即裂缝带顶界以上至地表的岩层移动是成层地、整体性地发生的，在垂直剖面上，其上下各部分的下沉差值很小。若存在厚硬的关键层，则可能在弯曲带内出现离层区。

垮落法开采时，煤层开采破坏了岩层内部原有的应力平衡状态，采空区上覆岩层悬顶的存在及其形成平衡力学结构过程中的运动，使上覆岩层中一部分岩层的重量向工作面前部煤体、采空区周围煤岩体及采空区垮落的矸石转移，导致采空区周围岩体内部的应力重新分布，在周围煤岩体内形成应力增高区或支承压力区。

用固体充填采煤法开采时，采空区上覆岩层直至地表的整体移动破坏特征可分为"两带"，即由下向上岩层移动分为裂缝带和弯曲下沉带，如图1-23所示。覆岩"两带"特征如下。

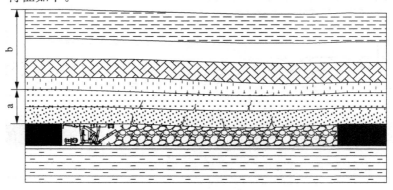

图1-23　固体充填开采岩层移动规律示意图

a-裂缝带；b-弯曲下沉带

（1）采空区充实率 φ 增加到一定程度之后，充填体作为主要承载体承担了采空区上覆岩层的载荷，限制了直接顶与基本顶下沉，使直接顶或基本顶不发生破断，只有局部出现裂隙，而不存在垮落带。

（2）裂隙带上方的岩层以弯曲下沉为主，岩层变形移动缓和，地表沉陷较小。

固体充填采煤采场由于固体物料对顶板的支撑作用，改变了传统的以煤体、支架和垮落矸石形成的采场支护体系，形成了煤体、支架和充填体的新支护体系，对于采场围岩，尤其是近围岩是受采动影响移动变形最明显、最剧烈的区域，而固体充填采煤采场由于充填体的支撑作用，实现采场部分应力转移到采空区充填体上，工作面前方支承压力明显减弱，应力峰值大幅较小，矿压显现缓和。影响围岩移动的主要因素包括三个部分：一是上覆岩层自身的基本属性；二是支护体系的力学特性；三是充填采煤采场技术条件。

实际上，煤体-支架-充填体支护体系是影响岩层移动的关键因素，当开采煤层条件一定时，充填采煤支架的支护特性和充填体的压缩模量对岩层移动起到了关键性的作用，随着充填采煤支架和充填体的力学性能提高，对上覆岩层移动的控制作用较明显，根据以上等价采高理论，通过控制顶板提前下沉量，并尽可能提高采空区密实度，才能发挥煤体-支架-充填体支护体系的作用，因此，确保支架对顶板的控制作用是保证充实率及改善采场矿压的关键。

第2章 房式煤柱稳定性判别理论

2.1 煤柱的一般物理力学性能

煤柱的一般力学性能对分析煤柱的稳定性具有重要的理论指导意义。其力学性能包括碎胀特性、抗拉强度、抗压强度、弹性模量、泊松比、内摩擦角及黏聚力等[116-125]。本节采用实验室试验的研究方法,以榆林地区某矿房式煤柱的采样为例进行物理力学性能测试,为进一步研究煤体的力学性能及分析煤柱的破坏失稳提供必要的理论依据,同时也可为数值模拟中材料属性的选择提供参考。

2.1.1 碎胀特性及密度测试

1. 试验原理

煤体在破碎之后必然会发生体积的膨胀,通过煤体的碎胀特性来表征破碎后体积增大的性质。煤体的碎胀系数即煤体破碎后处于松散状态下的体积与破碎前处于整体下的体积之比,一般用 K 来表示。定义其破碎前完整状态下的体积为 V_1,破碎后松散状态下的体积为 V_2,则其碎胀系数为:$K = V_2/V_1$,基本原理如图 2-1 所示。

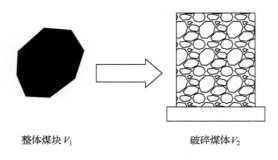

整体煤块 V_1　　　　　　　破碎煤体 V_2

图 2-1 碎胀特性测试基本原理

2. 试验步骤

1) 测量煤的原始密度 ρ

准备电子秤一台,测量大块煤体的量杯一只。随机选取块径不同的煤体试样,编号为 i,用量杯测量每块煤体的体积 V_i,用电子秤逐一称量每块煤体的质量 m_i,算出每块煤体的密度 ρ_i,最终采用取其平均值的办法得到煤的密度平均值 ρ:

$$\rho = \frac{\sum\limits_{i=1}^{n} \dfrac{m_i}{V_i}}{n} \qquad (2\text{-}1)$$

2）计算煤体破碎前的体积 V_1

通过电子秤称量煤体的质量 m，根据体积与密度的关系：$V_1 = m/\rho$，计算出煤体破碎前的体积 V_1。

3）计算煤体破碎后的体积 V_2

将煤块进行破碎后，装入钢筒中来测得破碎后的煤块体积 V_2。每次装料后记录筒的装料高度 h，根据已知数据 d（筒的内径），采用式（2-2）计算得出破碎后的煤体体积 V_2。

$$V_2 = \frac{\pi d^2}{4} h \qquad (2\text{-}2)$$

4）计算碎胀系数及密度

根据碎胀系数公式：$K = V_2/V_1$，计算出煤的碎胀系数 K。为降低试验误差，选取多组重复试验，最终取其碎胀系数平均值 $\bar{K}$，密度平均值 $\bar{\rho}$，从而得到较为准确的数据结果。

3. 试验结果

煤体的密度及碎胀系数测试结果见表 2-1 和表 2-2。

表 2-1　煤的密度

序号	质量 m/g	水体积 V_1/mL	总体积 V_2/mL	试样体积 ΔV/mL	密度 ρ/kg·m^{-3}	平均密度 $\bar{\rho}$/kg·m^{-3}
煤 1	87.46	489	559	70	1249.4	
煤 2	104.97	486	569	83	1264.7	1278.7
煤 3	55.53	480	525	42	1322.1	

表 2-2　煤的碎胀系数

序号	质量 m/kg	原始体积 V_1/10^{-3}m^3	装料高度 h/mm	破碎体积 V_2/10^{-3}m^3	碎胀系数 K	平均碎胀系数 $\bar{K}$
煤 1	2.48	1.939	53.56	2.624	1.353	
煤 2	4.50	3.519	105.28	5.159	1.466	1.459
煤 3	6.54	5.115	162.65	7.970	1.558	

2.1.2　抗拉强度测试

1. 试验原理

在压应力作用下,沿圆盘直径 y-y 的应力分布如图 2-2 所示。在圆盘边缘处,沿 y-y 方向(σ_y)和垂直 y-y(σ_x)方向均为压应力,而离开边缘后,沿 y-y 方向仍为压应力,但应力值比边缘处显著减少,并趋于平均化;垂直 y-y 方向变成拉应力。并在沿 y-y 的很长一段距离上呈均匀分布状态,因此还是由于 x 方向的拉应力导致煤样沿直径劈裂破坏,破坏是从直径中心开始,然后向两端发展。

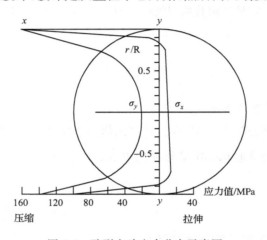

图 2-2　劈裂实验应力分布示意图

根据劈裂实验中煤样破坏时的所加压力,即可计算煤的抗拉强度,其计算公式为

$$\sigma = \frac{2P}{\pi DL} \times 10 \tag{2-3}$$

式中:σ 为煤样的抗拉强度,MPa;P 为煤样破坏载荷,kN;D 为煤样直径,cm;L 为煤样厚度,cm。

2. 试验步骤

(1)测定前对煤样进行编号,用直角尺、游标卡尺检查煤样加工精度,测量煤样尺寸。

(2)通过煤样直径两端,沿轴线方向画两条互相平行的线作为加载基线,把煤样放入夹具内,夹具上、下刀刃对准加载基线,用两侧夹持螺钉固定好煤样。

(3)把夹好煤样的夹具放入材料试验机的上、下承压板之间,使煤样的中心线和材料试验机的中心线在一条直线上。

（4）开动材料试验机，以 0.03～0.05MPa/s 的速度加载，直至煤样破坏。

（5）记录破坏载荷，计算煤的抗拉强度。

抗拉测试的试验机、试验夹具及劈裂后的煤样分别如图 2-3～图 2-5 所示。

图 2-3 试验机

图 2-4 试验夹具

图 2-5 劈裂后的煤样

3. 试验结果

经过整理计算，得到煤的抗拉强度见表 2-3。

表 2-3 煤的抗拉强度

序号	煤样直径 D/cm	煤样厚度 L/cm	破坏载荷 P/kN	抗拉强度 σ/MPa	平均抗拉强度 $\bar{\sigma}$/MPa
煤 1	4.961	2.655	6.41	3.099	
煤 2	4.941	2.651	5.80	2.820	2.520
煤 3	4.951	2.849	3.61	1.640	

2.1.3　抗压强度、弹性模量及泊松比测试

1. 试验原理

单轴抗压强度 R：破坏载荷 P 与煤样受力面积之比：

$$R = \frac{P}{A} \times 10 \tag{2-4}$$

式中：A 为煤样初始截面积，cm^2。

煤在比例极限内服从虎克定律，在单向受力状态下，应力与应变成正比：

$$\sigma = E\varepsilon \tag{2-5}$$

式中：E 为煤的弹性模量，kPa；ε 为煤样轴向应变。

由以上关系，可以得到

$$E = \frac{\sigma}{\varepsilon} = \frac{P}{A\varepsilon} \tag{2-6}$$

煤在比例极限内，横向应变 ε' 与纵向应变 ε 之比的绝对值为泊松比，即

$$\mu = \left| \frac{\varepsilon'}{\varepsilon} \right| \tag{2-7}$$

2. 试验步骤

（1）测量煤样尺寸，分别在煤样标距两端及中间处测量厚度和宽度，将三处测得横截面面积的算术平均值作为试样的原始横截面积。

（2）拟定加载方案，试验机准备、煤样安装和仪器调整。

（3）将电阻应变仪接上电源，预热 30min，连接线路，预调平衡，接线方式可用全桥或半桥。施加初载荷，检查仪器工作情况，同时观察两边的应变值是否接近，如果两边应变值相差较大，则必须调整煤样位置和球形座，使煤样受力均匀。

（4）施加初载荷，记下此时应变仪的读数或将读数清零。然后逐级加载，记录每级载荷下各应变片的应变值，直至煤样破坏。

（5）数据处理。

3. 试验结果处理

测试结果分别见表 2-4～表 2-6。

表 2-4　煤的抗压强度

序号	煤样尺寸 D/cm	煤样初始截面积 F/cm^2	破坏载荷 P/kN	抗压强度 R/MPa	平均抗压强度 $\overline{R}/MPa$
煤 1	5.043×10.017	19.96	50.94	25.52	
煤 2	5.211×10.112	20.59	54.13	26.29	25.48
煤 3	4.950×10.120	19.51	48.07	24.64	

表 2-5　煤的弹性模量

序号	初始应力 σ_1/MPa	变形后应力 σ_2/MPa	应力变化量 $\Delta\sigma/MPa$	纵向初始应变 ε_1	变形后纵向应变 ε_2	纵向应变变化量 $\Delta\varepsilon$	弹性模量 E/GPa	平均弹性模量 $\overline{E}/GPa$
煤 1	6.86	29.76	22.90	1.36	2.92	1.56	14.68	
煤 2	6.72	27.15	20.43	1.84	3.38	1.54	13.27	14.06
煤 3	11.96	47.43	35.47	1.53	4.02	2.49	14.24	

表 2-6　煤的泊松比

序号	纵向初始应变 ε_1	变形后纵向应变 ε_2	纵向应变变化量 $\Delta\varepsilon$	横向初始应变 ε_1	变形后横向应变 ε_2	横向应变变化量 $\Delta\varepsilon$	泊松比 μ	泊松比平均值
煤 1	−63	−1545	1482	468	975	507	0.342	
煤 2	−1831	−7021	5190	405	1503	1098	0.212	0.329
煤 3	−187	−5426	5239	990	3253	2263	0.432	

2.1.4　剪切强度、内摩擦角及黏聚力测试

1. 试验原理

通过变角剪切夹具作用在试块上的力 P 可以分解为与剪切面垂直的正应力和与剪切面平行的剪应力。当 P 达到某一值时，剪应力大于煤的黏聚力与因正应力而产生的摩擦力之和时，煤即被剪切破坏。此时，可通过已知的角度值和破坏载荷，计算得到几组正应力和剪应力，最终计算求得煤的黏聚力和内摩擦角。

单个煤样剪切破坏面上的正应力、剪应力按式(2-8)计算：

$$\sigma = \frac{P_{剪}}{F} \times \cos\alpha \qquad (2-8)$$

$$\tau = \frac{P_{剪}}{F} \times \sin\alpha \qquad (2-9)$$

式中：P 为煤样剪断破坏载荷，kN；F 为剪切面面积，cm^2；α 为煤样与水平面夹角。

根据莫尔-库伦强度准则公式(2-10)的表达式确定煤的黏聚力和内摩擦角。

$$\tau = C + \sigma \tan\varphi \tag{2-10}$$

式中：C、φ 为煤样的黏聚力及内摩擦角。

2. 试验步骤

(1) 对煤样进行编号,用直角尺、游标卡尺检查煤样加工精度,测量煤样尺寸。

(2) 在 45°～65°范围内选择 3 个剪切角度。按照不同的角度将煤样分组编号,并在煤样上画出剪切线。

(3) 将变角剪切夹具固定在压力机承压板间,应注意使夹具的中心与压力机的中心线相重合,然后调整夹具上的夹板螺丝,使刻度达到所要求的角度,将煤样安放于变角板内。

(4) 开动压力机,同时降下压力机横梁,使剪切夹具与压力机承压板接触,然后调整压力表指针到零点,以每秒 0.5～0.8MPa 的加载速度加载,直至煤样破坏,然后记录破坏荷载 P。

(5) 重复实验,变换变角夹具的角度 α,一般在 45°～65°内选择,以 10°为间隔,如 45°、55°、65°,重复步骤(4)进行实验,取得不同角度下的破坏荷载。

剪切测试的试验机、试验夹具及剪切破坏后的煤样分别如图 2-6～图 2-8 所示。

3. 试验结果

试验结果处理见表 2-7。

图 2-6　剪切试验机

图 2-7　剪切试验夹具

图 2-8　剪切破坏后煤样

表 2-7　煤的剪切强度

序号		煤样长度 a/cm	煤样宽度 b/cm	剪切面积 F/cm²	破坏载荷 P/kN	正应力 σ/MPa	剪应力 τ/MPa	平均正应力 $\bar{\sigma}$/MPa	平均剪应力 $\bar{\tau}$/MPa
45°	煤 1	5.290	5.278	27.92	143.09	1.090	1.090		
	煤 2	5.245	5.280	27.69	40.11	1.024	1.024	1.240	1.240
	煤 3	5.288	5.306	28.06	63.70	1.605	1.605		
55°	煤 1	5.257	5.281	27.76	69.78	1.443	2.059		
	煤 2	5.255	5.267	27.68	34.95	0.725	1.034	1.312	1.871
	煤 3	5.185	5.301	27.49	84.61	1.767	2.521		
65°	煤 1	5.279	5.393	28.46	15.98	0.238	0.509		
	煤 2	5.305	5.247	27.84	45.22	0.687	1.472	0.657	1.407
	煤 3	5.265	5.134	27.03	66.81	1.046	2.240		

通过描点画图得到拟合直线的方程：

$$y = 0.3255x + 1.1578 \tag{2-11}$$

由方程可得出，煤的黏聚力 $C_煤$ 为 1.1578MPa，内摩擦角 $\varphi_煤$ 为 18.03°。

2.2　影响煤柱强度的主控因子

影响煤柱强度的因素主要包括采矿地质条件、煤柱物理力学性能、煤柱留设条件等。

2.2.1　采矿地质条件

采矿地质条件主要指地质构造、开采深度、上覆岩层重力密度、煤柱结构面等。

（1）地质构造影响煤柱的完整性，如断层及破碎带、节理、裂隙等弱面会对煤柱强度产生严重的影响。因此，构造特别复杂的区域不易采用房式开采。

（2）采深和上覆岩层的重力密度直接影响到煤柱所承受的载荷，随着采深和上覆岩层重力密度的增大，煤柱所承受的载荷随之增加。

（3）煤柱中结构面也是煤体强度重要影响因素，由于结构面的存在，导致煤柱的强度显著低于煤块强度。通常，结构面对煤柱强度的影响主要表现为造成煤柱强度的各向异性和煤柱强度的降低。试验表明，层状煤体在单向压缩下，加载方向与层理面呈不同角度，极限强度会随夹角不同而有规律的变化，并且平行于层理加载的抗压强度和抗剪强度小于垂直与层理方向加载时的相应强度，抗拉强度则大于垂直于层理的抗拉强度。

煤体强度随加载方向与结构面夹角的变化如图 2-9 所示，在所示的极坐标系中，半径表示单轴抗压强度，θ 表示结构面与水平面的夹角，曲线表示煤柱强度受结构面影响时随 θ 角变化的情况。

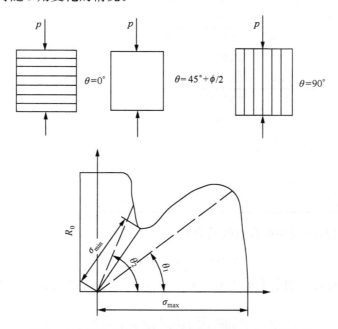

图 2-9　煤体强度随加载方向与结构面夹角的变化曲线

由图 2-9 分析可知，当加载方向与结构面垂直时（$\theta=0°$），煤柱强度就是煤块强度（垂直层理加载时的单轴抗压强度），相当于强度变化曲线中的最大值 $\sigma_{\max}$。在 $\theta=\theta_1 \sim \theta_2$ 范围内，θ 越接近 $45°+\varphi/2$，煤柱强度受结构面影响的程度越大，当 $\theta=45°+\varphi/2$ 时，剪切面正好与结构面重合，此时，煤柱结构面产生剪切破坏，其强度就是结构面强度，即曲线中的最小值 $\sigma_{\min}$；在 $\theta=\theta_2 \sim 90°$ 范围内，由于结构面抗拉强度很小,且加载方向与结构面所成角度很小甚至与结构面平行,这时煤体常会沿结构面横向张裂破坏,但不产生新的破坏面;当 $\theta = 90°$ 时,破坏强度介于 σ_{min} 和 σ_{max} 之间,即为平行于结构面受载的强度。

2.2.2 煤柱物理力学性能

煤柱的物理力学性能主要包括煤柱本身的单轴抗压强度、弹性模量、煤柱的黏聚力、内摩擦角、煤柱的内部构造(是否存在弱面)、弱面的或者煤柱与顶底板界面的黏聚力、内摩擦角等。煤体的黏聚力和内摩擦角是与煤体的变质程度有关的力学参数,其数值随着煤体的变质程度的增高而增大,煤体的黏聚力、内摩擦角、单轴抗压强度、弹性模量是影响其极限强度的主要因素。

煤柱内弱面的存在,将影响煤柱的抗剪强度,降低煤柱的稳定性。其任意方向弱面的剪切强度安全系数 K_c:

$$K_c = \frac{C + \sigma_y/2 + \sigma_y \cos 2\theta/2}{\sigma_y \sin 2\theta/2} \tag{2-12}$$

式中:θ 为弱面与 x 方向夹角;σ_y 为 y 方向的正应力;C 为弱面上黏聚力。

顶底板岩性对煤柱与顶底板界面的黏聚力、内摩擦角的影响主要反映在顶底板对煤柱的摩擦效应方面。坚硬的顶底板通过摩擦效应限制煤柱的水平变形,使煤柱的强度和稳定性得以增强;而软弱的顶底板不能限制煤柱的水平变形,煤柱内部产生水平拉应力,降低了煤柱的实际强度。煤柱与顶底板界面的黏聚力、内摩擦角也是影响煤柱屈服宽度的主要因素。

2.2.3 煤柱留设条件

煤房煤柱是房式开采的基本结构,煤房煤柱的留设主要包括煤柱的形状、几何尺寸、宽高比,具体表现为煤柱所受平均应力和煤柱强度两方面。

1. 煤柱的平均应力

当开采区域足够大,煤柱尺寸比较规则,岩层近水平条件下,煤房上覆岩层重量将全部转移到邻近的煤柱上,此时各煤柱将共同承担载荷。其载荷大小等于煤柱周围一半的煤房范围内上覆岩层的重量,计算公式为

$$p = \gamma H_1 \frac{(W+B)(B+L)}{WL} \tag{2-13}$$

式中:P 为煤柱载荷,MPa;γ 为上覆岩层平均容重,MPa/m;H_1 为采深,m;W 为煤柱宽度,m;B 为煤房宽度,m;L 为煤柱长度,m。

但是,如果煤房采出的宽度较大,而且冒落矸石多,顶板移近量大,可致使采空

区内冒落矸石与顶板接触,此时可以采用 King 提出的计算方法计算采空区内矸石承载能力,并给出了煤柱所受应力的计算公式:

当煤房的宽度 B 小于 $0.6H$ 时,$p = \gamma H_1 \left(1 + \dfrac{B}{W}\right)^2 - \dfrac{5}{9}\gamma B\left[2\left(\dfrac{B}{W}\right)^2 + \dfrac{3B}{W}\right]$,

当煤房宽度 B 大于 $0.6H$ 时,$p = \gamma H_1 \left(1 + 0.36\dfrac{H^2}{W^2} + 0.6\dfrac{H}{W}\right)$。

式中:H 为煤层厚度,m。

2. 煤柱强度

1) 煤样尺寸对煤柱强度的影响

1968 年,Bincniawski 通过对立方体煤样的研究提出了"临界尺寸"的概念,尺寸小的煤样,煤的强度高;随着试样尺寸的增加,煤的强度按指数规律减小,直至一个渐近值。

他同时指出,南非煤层的临界尺寸值是 1.5m;Parisesu[126,127] 指出美国西部煤层的临界尺寸值是 0.9m;Hustrulid[128] 也认为 0.9m 作为煤的临界尺寸符合工程实际。临界尺寸概念的重要意义在于:它表明立方体煤柱的原位强度可由相同材料条件下较小煤样进行实验室试验取得。

2) 几何形状对煤柱强度的影响

煤柱的宽高比是影响煤柱强度稳定性的重要因素:当煤柱宽高比较小时,煤柱与顶底板相互作用而产生的端面约束影响范围较大,相当于在煤柱上施加了侧向约束力,从而提高了煤柱强度。根据国内外研究的结果可知,煤柱强度随煤柱宽高比(W/H)增大而增大,当煤柱宽高比达到 8 以上时,煤柱强度基本不再增大,如图 2-10 所示。

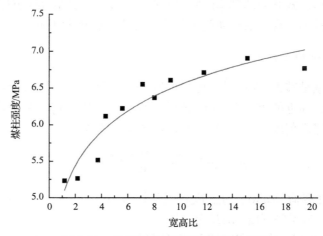

图 2-10　煤柱强度与宽高比之间的关系

　　煤柱压缩变形随煤柱的宽高比增大而逐渐增大。当煤柱宽高比达到 8 以上时,煤柱压缩变形保持不变,煤柱压缩变形量较小,压缩变形量不超过 10mm/m,如图 2-11 所示。

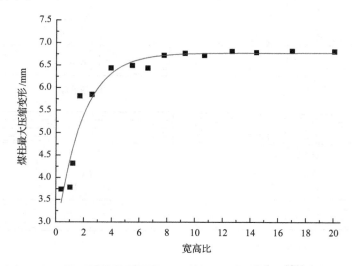

图 2-11　煤柱压缩变形与宽高比之间的关系

2.3　房式煤柱失稳形式及过程

2.3.1　煤柱变形失稳形式

　　随着煤房不断被开采,煤柱侧向应力逐渐被解除,煤房上覆岩层的应力逐渐向煤柱转移,使其应力增加并产生压缩等变形。煤柱对房式开采应力重新分布的整体响应取决于煤柱的大小(包括长度、宽度及高度)、形状及煤柱的构造等。由现场勘测可知,煤柱的破坏形式主要有 6 种,如图 2-12 所示。

　　图 2-12(a)表明房式开采后煤柱产生剥蚀、颈缩现象,外侧表面剥落,现场勘测表明,该破坏形式较为常见;图 2-12(b)表明煤柱受覆岩集中压力作用,加之煤体内存在规则节理面,易形成沿 45°斜切的压剪破坏,该现象与实验室单轴抗压强度测试煤体破坏特征类似;图 2-12(c)表明当煤柱与围岩之间具有大变形的软弱节理夹层时,由于软弱夹层屈服破坏,在煤柱端面上形成拉力,使煤柱内部沿横向劈裂;图 2-12(d)表明当煤柱存在穿透性节理时,若节理与煤柱轴向平面之间的夹角超过节理的有效摩擦角,则产生节理破坏;图 2-12(e)表明当层理、片理较为发育且平行于载荷主轴时,煤柱发生挠曲破坏;图 2-12(f)表明当煤柱尺寸较小而覆岩集中压力较大时,煤柱自身强度不足以支撑顶板,出现煤柱失稳破坏被压垮现象。

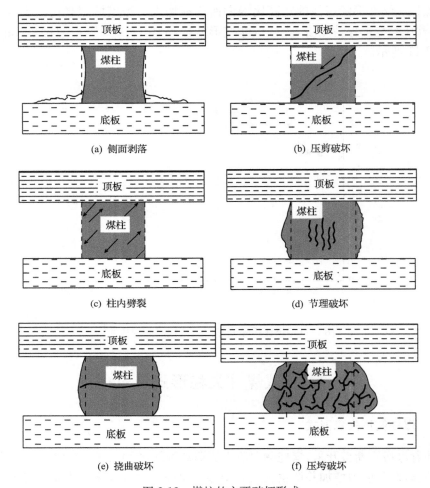

(a) 侧面剥落　　　　　　　　　　　　(b) 压剪破坏

(c) 柱内劈裂　　　　　　　　　　　　(d) 节理破坏

(e) 挠曲破坏　　　　　　　　　　　　(f) 压垮破坏

图 2-12　煤柱的主要破坏形式

　　以榆林地区某矿为例,其煤柱失稳形式主要为侧面剥落式,煤柱现场破坏情况如图 2-13 所示。

2.3.2　房式煤柱变形失稳过程

　　下面以上述煤矿煤柱破坏情况对煤柱侧面剥落式的失稳过程进行分析。

　　煤柱自回采形成直至失稳是一个渐进破坏的过程。从煤柱中垂直应力分布形态来分析,"马鞍形"是稳定的煤柱应力分布的典型形态,而"拱形"则是失稳或屈服的煤柱应力分布的重要特征。因此,可根据煤柱沿中心剖面上的应力分布形态将煤柱的失稳过程划分为 7 个阶段,如图 2-14 所示。

　　图 2-14(a)为在回采之前,煤柱受上覆岩层均布载荷作用;图 2-14(b)所示为

(a) 侧面大面积剥落　　　　　　　　(b) 稳定弹性核区

图 2-13　现场煤柱破坏情况实拍

煤柱一侧采完,在柱内一定深度形成支承压力带和一定宽度的塑性区,支承压力的峰值不大于煤柱的极限强度;图 2-14(c)所示为煤柱形成后,若煤柱有足够的支承能力即保持稳定支撑状态,则煤柱上垂直应力呈"马鞍形"分布,煤柱两侧均有一定宽度的塑性区,边界支承能力为零,峰值应力不大于煤柱极限强度,核区应力分布近似为抛物线形;图 2-14(d)所示为受周围采动的影响,煤柱应力继续变化,两侧塑性区继续扩展,峰值应力达到煤柱极限强度,核区中心应力上升但小于峰值应力,应力分布形态仍为"马鞍形";图 2-14(e)所示为随着充分采动程度的增加及周

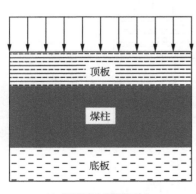 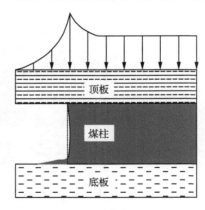

(a) 煤层回采前煤柱受力　　　　　　　(b) 煤柱一侧回采后煤柱受力

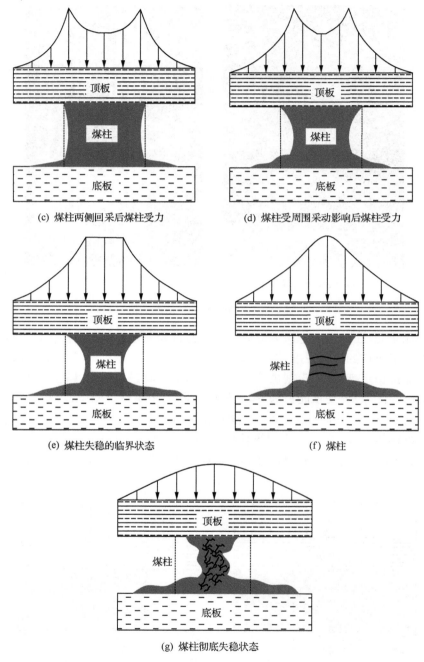

(c) 煤柱两侧回采后煤柱受力　　　　　(d) 煤柱受周围采动影响后煤柱受力

(e) 煤柱失稳的临界状态　　　　　(f) 煤柱

(g) 煤柱彻底失稳状态

图 2-14　煤柱的失稳过程

围采动的影响,煤柱两侧塑性区进一步发育,核区中心应力达到煤体极限强度,核区应力形成平台,这种"平台形"垂直应力分布形态是煤柱失稳的临界状态,核区中心应力稍有上升煤柱将迅速失稳,故"平台形"应力分布可作为煤柱由稳定向失稳过渡的判据;图 2-14(f)所示为煤柱开始屈服,两侧塑性区连通,煤柱失去核区,支撑能力迅速降低,煤柱中心应力小于煤柱极限强度,应力分布形态为"拱形";图 2-14(g)所示为煤柱以蠕变状态继续溃屈,支撑能力不断降低,"拱形"应力分布曲线呈"瘫软"式下降,煤柱彻底失稳。

2.4　煤柱稳定性判别方法及标准

2.4.1　宏观煤柱强度公式

确保房式开采及其遗留煤柱回收安全性和经济性的关键之一是准确地计算煤柱的强度[129-136]。随着房式采煤法的发展,许多计算方法应运而生,较常用的计算公式有四个。

1. Obert-Duvall 公式

通过实验室研究,Obert 和 Duvall 分别于 1946 和 1947 年提出了煤柱强度公式:

$$\sigma_p = \sigma_c \left(0.778 + 0.222 \frac{W}{H} \right) \tag{2-14}$$

式中:σ_p 为煤柱的极限强度;σ_c 为立方体煤样的单轴抗压强度;W 为煤柱的宽度;H 为煤柱高度。

2. Holland-Gaddy 公式

Holland 于 1964 年提出以下的公式作为煤柱的强度公式:

$$\sigma_p = \sigma_c D^{0.5} \frac{W^{0.5}}{H} \tag{2-15}$$

式中:D 为试样边长。

3. Bieniawaki 公式

Bieniawaki 于 1981 年对美国房式尺寸设计和应用进行研究,修正了早期的煤柱强度公式,修正后的煤柱强度公式:

$$\sigma_p = \sigma_c \left(0.64 + 0.36 \frac{W}{H} \right)^n \tag{2-16}$$

式中：n 为常量，当 $\dfrac{W}{H} > 5$ 时，$n = 1.4$；当 $\dfrac{W}{H} < 5$ 时，$n = 1$。

4. Salamaon-Munro 公式

Salamaon 和 Munro 于 1976 年对 98 例煤柱稳定和 27 例煤柱破坏的情况进行了对比分析。根据统计结果，提出了新的煤柱强度公式：

$$\sigma_{p} = \sigma_{c}\frac{W^{0.46}}{H^{0.66}} \tag{2-17}$$

综上所述，当对煤柱尺寸进行设计时，可利用的煤柱强度公式较多。但究其形式，我们可将强度公式归纳为两种形式。其形式如下：

线性公式　　　　　　　　$\sigma_{p} = K\sigma_{c}\left(A + B\frac{W}{H}\right)$　　　　　　　　(2-18)

指数公式　　　　　　　　$\sigma_{p} = K\sigma_{c}\frac{W^{\alpha}}{H^{\beta}}$　　　　　　　　　　(2-19)

式中：K 为系数；A、B、α、β 为煤柱形状效应系数。

2.4.2　煤柱稳定性判别标准

煤柱的稳定性是指煤层开挖后或煤柱回收过程中煤柱上应力重新分布，而重新分布后的最大应力不超过煤体的弹性极限，即煤柱处于弹性平衡的稳定状态[137-155]。而当应力超过煤柱的弹性极限时，造成煤柱失稳破坏。目前，判别煤柱稳定的方法主要有极限强度理论与逐步破坏理论两种。

1. 极限强度理论

极限强度理论认为：如果作用载荷达到煤柱的极限强度时，煤柱的承载能力降低到零，煤柱就会被破坏。即煤柱的破坏准则为

$$\sigma F \leqslant \sigma_{p} \tag{2-20}$$

式中：σ 为作用在煤柱上的应力；F 为安全系数，一般取 2；σ_{p} 为煤柱的极限强度。

2. 逐步破坏理论

由于煤房两侧的煤体中有应力集中，结果在煤柱中形成了两个区域：一个是煤柱周边形成的塑性区，另一个是在煤柱中心部分被塑性区所包围相对来说未受扰动的柱核区。在塑性区，煤柱遭到不同程度的破坏及产生一定的流变，但由于塑性区的约束和支承压力区较高的侧压力的作用，提高了柱核区的强度，从而使柱核区基本上处于弹性变形状态。在柱核区内煤体的强度可以表示为

$$\sigma = \sigma_0 + \sigma_3 \tan\beta \qquad (2\text{-}21)$$

式中：σ_0 为煤的单向抗压强度；σ_3 为作用在煤柱上的侧向压力；$\tan\beta$ 为三向应力系数。且 $\tan\beta = \dfrac{1 + \sin\varphi}{1 - \sin\varphi}$，$\varphi$ 为煤层的内摩擦角。对于大多数煤层来说，假设 $\tan\beta = 4$，此时：

$$\sigma = \sigma_0 + 4\sigma_3 \qquad (2\text{-}22)$$

而塑性区的宽度为

$$X_0 = \frac{M}{2\zeta f} \ln \frac{K\rho H + C\cot\varphi}{\zeta C \cot\varphi} \qquad (2\text{-}23)$$

经过简化，式(2-23)可以表示为

$$X_0 = 4.92 \times 1.0^{-3} hH_1 \qquad (2\text{-}24)$$

式中：h 为煤层的开采厚度，m；H_1 为煤层的开采深度，m。

为了保持煤柱的稳定性，应该保证有一个稳定的柱核区的存在，即煤柱要保持稳定性，其宽度满足：

$$W_p > 2X_0 + W_e \qquad (2\text{-}25)$$

式中：W_p 为煤柱设计宽度，m；X_0 为煤柱塑性区的宽度，m；W_e 为煤柱内核宽度，m，通常取 $1 \sim 2$。

第 3 章　充填材料物理力学特性测试

3.1　房式开采区域充填材料来源与基本特性

3.1.1　充填材料来源及基本情况

房式开采区域主要分布在我国的西部矿区,以蒙陕区域较为集中和突出,这些区域可利用的充填材料主要有矸石、风积沙、黄土和露天矿渣等[156-167]。充填材料材料来源现场实拍如图 3-1 所示。

(a) 矸石山　　　　　　　　　　　　(b) 风积沙

(c) 高原黄土坡　　　　　　　　　　(d) 露天排渣场

图 3-1　充填材料来源现场实拍

1. 矸石

矸石是采煤过程和洗煤过程中排放的废弃物,是一种在成煤过程中与煤层伴生的一种含碳量较低、比煤坚硬的黑灰色岩石,其主要成分是 Al_2O_3、SiO_2,另外还含有数量不等的 Fe_2O_3、CaO、MgO、Na_2O、K_2O、P_2O_5、SO_3 和微量稀有元素(镓、钒、钛、钴)。

矸石主要包括巷道掘进过程中的掘进矸石、采掘过程中从顶板、底板及夹层里采出的矸石,以及洗煤过程中挑出的洗选矸石。

煤矸石的传统处理方式是将其直接堆放至地表。煤矸石在地表直接堆放形成煤矿特有的地貌"矸石山",我国煤矿现有矸石山 1600 余座,堆积量约 55 亿 t,目前每年矸石产量为 4 亿~6 亿 t,这不仅带来严峻的安全问题,同时对矿区生态环境造成十分严重的影响,主要包括以下几方面的内容。

(1) 影响土地资源的利用。煤矸石堆场多位于井口附近,大多紧邻居民区。煤矸石的大量堆放一方面占用大量的土地,另一方面还在影响着比堆放面积更大的土地资源,使周围的耕地变得贫瘠,不能被利用。

(2) 污染大气。煤矸石露天堆放会产生大量扬尘,这主要是由于在地面堆放的煤矸石受到长时间的日晒雨淋后,将会风化粉碎;另外,煤矸石吸水后会崩解,从而很容易产生粉尘,在风力的作用下,将会恶化矿区大气的质量。

此外,煤矸石中含有残煤、碳质泥岩和废木材等可燃物,其中 C、S 可构成煤矸石自燃的物质基础。煤矸石长期露天堆放使矸石山内部的热量逐渐积累,当温度达到可燃物的燃烧点时,矸石堆中的残煤便可自燃。自燃后的矸石山内部温度为 800~1000℃,使矸石融结并放出大量的 CO、CO_2、SO_2、H_2S、NO_x 等有害气体,其中以 SO_2 为主。这些有害气体的排放,不仅影响矸石山周围的环境空气质量及矿区居民的身体健康,还常常影响周围的生态环境,使树木生长缓慢、病虫害增多,农作物减产,直至死亡。

(3) 危害水土。煤矸石除含有粉尘、SiO_2、Al_2O_3 及 Fe、Mn 等常量元素外,还有其他微量重金属元素,如 Pb、Sn、Cr 等,这些元素为有毒重金属元素。当露天堆放的煤矸石山经雨水淋蚀后,产生酸性水,污染周围的土地和水体。当矸石堆放不合理时易发生边坡失稳,从而导致矸石堆的崩塌、滑移。

因此,将煤矸石作为一种重要的充填材料,并充填至采空区内,不仅可以有效对矸石进行处理,而且对于岩层运动起到控制作用,对于矿井安全及生态环境的保护具有双重意义。

2. 风积沙

风积沙是经由风吹而积淀的沙层,多见于沙漠、戈壁。颗粒的粒径范围主要在 $0.074\sim0.250mm$,占 90% 以上;大于 0.25mm 的颗粒极少,仅占 0.1%;而小于 0.074mm 的颗粒也只有不足 9%,均匀度较好。风积沙分布广泛,主要集中于我国东北、华北及西北地区,其特性主要表现在以下几个方面。

（1）非塑性。风积沙的粉黏粒含量很少，表面活性很低，松散、无聚性，具有明显的非塑性，其颗粒属于细沙。对于级配极差，无黏结性的风积沙来说，成型困难，而且成型后的抗剪性能也较差。

（2）非亲水性。沙粒表面对水几乎没有物理吸附作用，最大吸水率不足 1%，一般都在 0 附近。

（3）非湿陷状态。沙颗粒遇水后能保持原有骨架结构性质，水稳性好。

（4）松铺系数小。风积沙具有沉降量小（<1.5%）、压缩快、变形小的特性。实践表明，风积沙合理的松铺系数 1.02～1.05。

（5）天然含水量低。风积沙的天然含水量很低，最低的地方不足 1%，最大含水量一般也不超过 5%。

此外，压实后风积沙的最大干密度可达到 1.8～2.0g/cm³，为天然状态下密度的 1.2～1.4 倍，故其由松散状态到密实状态的压实过程较短。

风积沙是造成西部沙尘暴的主要诱因，每年在风积沙区域治理上投入大量资金，通过种植大量植物以减少沙尘暴的发生。事实上，风积沙也可作为煤矿充填材料，通过利用风积沙充填控制地表沉陷，可以改善生态环境。

3. 黄土

黄土是距今约 200 万年的第四纪时期形成的土状堆积物。典型的黄土为黄灰色或棕黄色的尘土和粉沙细粒组成，质地均一，含多量钙质或黄土结核，多孔隙，有显著的垂直节理，无层理，在干燥时较坚硬，被流水浸湿后，通常容易剥落和遭受侵蚀，甚至发生坍陷。主要分布于我国西北地区的黄土高原以及华北平原和东北地区的南部，其中以黄土高原地区最为集中，占中国黄土面积的 72.4%，一般厚 50～200m，这里发育了世界上最典型的黄土地貌。

黄土的特性主要有以下几个方面。

（1）多孔性。由于黄土主要是由极小的粉状颗粒所组成，而在干燥、半干燥的气候条件下，它们相互之间结合得很不紧密，一般只要用肉眼就可以看到颗粒间具有各种大小不同和形状不同的孔隙和孔洞，所以通常有人将黄土称为大孔土。一般认为黄土的多孔性与成岩作用、植物根系腐烂和水对黄土的作用等有关，更重要的是与特殊的气候条件有关。

（2）垂直节理发育、层理不明显。关于黄土垂直节理的成因，目前较多的人认为，垂直节理的形成主要是由于黄土在堆积加厚的过程中受重力的影响，土粒间的上下间距变得越来越紧密，而土粒间的左右间距却保持原状不变。这样水和空气即沿着抵抗力最小的上下方向移动，也就是说沿着黄土的垂直管状孔隙不断地作升降运动并反复进行，这就造成了黄土垂直节理发育的倾向。

（3）透水性较强。一般典型的黄土透水性较强，而黄土状岩石透水性较弱；未沉陷的黄土透水性较强,沉陷过的黄土透水性较弱。黄土之所以具有透水性,是和它具有多孔性以及垂直节理发育等结构特点分不开的。

(4)沉陷性。黄土经常具有独特的沉陷性质,这是任何其他岩石较少有的。黄土沉陷的原因多种多样,只有把黄土本身的性质与外在环境的条件结合起来考虑时,才能真正了解黄土沉陷的原因。

此外,黄土的多孔性,大气降水和温度的变化以及人为的影响,对黄土中可溶性盐类的溶解和黄土沉陷的数量与速度都有着极大的影响。

一般处于黄土区域的矿区,由于黄土来源丰富,其可作为一种煤矿充填材料。

4. 露天矿渣

露天矿渣是一种特殊的软质粗粒渣,是在露天煤矿建设、煤炭开采及加工过程中排放的大量矿渣混合料。露天矿渣粒径较大,多以圆锥式或沟谷倾倒式自然堆放在露天矿周边地区。据不完全统计,露天矿每开采 1t 煤平均排放矿渣 0.2～0.4t,侵占大量土地,对周围环境造成极大污染,严重影响和危害人们的生活与健康。因此,露天矿渣的环境治理问题已成当务之急,也是充填采煤较理想的充填材料。

3.1.2　充填材料物理特性测试

1. 试验充填材料

试验充填材料含矸石、风积沙、黄土及露天矿渣,均取自我国榆林地区典型矿区。

2. 实验设备及方案

1)含水率测试

(1)含水率测试设备。试验仪器有 JA2003 电子精密天平、YZH1-30 远红外自控焊条烘箱。JA2003 电子精密天平称量范围为 200g、精度为 0.001g,如图 3-2 所示。YZH1-30 烘箱能够自动测量、显示、控制温度,内胆及搁板采用耐腐蚀不锈钢材料和优质钢板两种,最高工作温度可达到 500℃,如图 3-3 所示。

(2)含水率测试方案。根据《含水率测定-烘箱干燥法》,试样含水率可用 w 来表示,即试样中水的质量与固体质量的比值,用百分数表示。定义试样中水的质量为 m_w,固体的质量为 m_s,则含水率表达式:

$$w = \frac{水的质量}{固体质量} = \frac{m_w}{m_s} \times 100\% \tag{3-1}$$

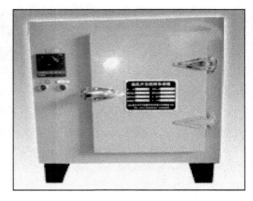

图 3-2　JA2003 电子精密天平　　　　　　图 3-3　YZH1-30 烘箱

2）电镜扫描试验

（1）电镜扫描设备。FEI Quanta^{TM} 250 环境扫描电子显微镜是科学研究和工业生产中探索微观世界、进行表面结构和成分表征不可缺少的工具，如图 3-4 所示。样品室及镜筒压差控制系统和探测器设计保证了环扫系统可以在高真空、低真空、超低真空环境下对导体、半导体、绝缘体进行无喷涂导电层直接分析表征，更可在数千帕条件下进行含水、有气样品的原始形貌观测表征、气体和样品之间相互作用的原位观测研究。

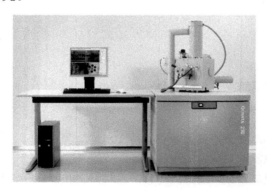

图 3-4　FEI Quanta^{TM} 250 环境扫描电子显微镜

（2）电镜扫描方案。启动 FEI Quanta^{TM} 250 环境扫描电子显微镜，从电子枪阴极发出的电子束，经聚光镜及物镜会聚成极细的电子束（$0.000\ 25\sim25\mu m$），在扫描线圈的作用下，电子束在样品表面作扫描，激发出二次电子和背散射电子等信号，被二次电子检测器或背散射电子检测器接收处理后在显像管上形成衬度图像。二次电子像和背反射电子反映样品表面的微观形貌特征。

3. 矸石物理特性

1）矸石含水率测试

依据含水率的测试原理，测试得出矸石的含水率均值为 5.02%，具体测试结果见表 3-1。

表 3-1　矸石含水率测试结果

编号	湿样/g	干样/g	含水率/%	均值%
矸石 1	528.1	503.7	4.84	
矸石 2	615.6	585.1	5.21	5.02
矸石 3	752.3	716.4	5.01	

2）矸石扫描电镜分析

通过扫描电镜（scanning electron microscope，SEM）分析矸石的致密度，矸石在不同分辨率条件下的 SEM 图片如图 3-5 所示，细观结构描述见表 3-2。

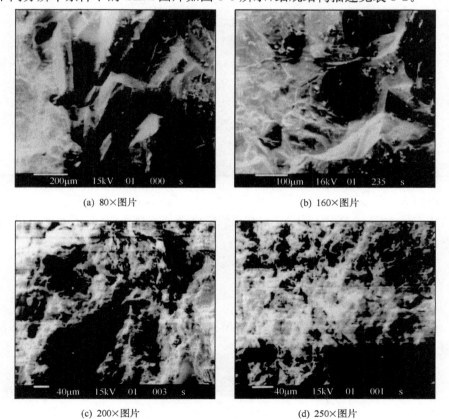

(a) 80×图片　　　　　　　　　　　(b) 160×图片

(c) 200×图片　　　　　　　　　　　(d) 250×图片

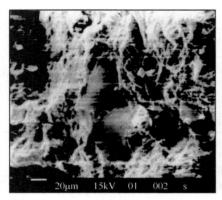 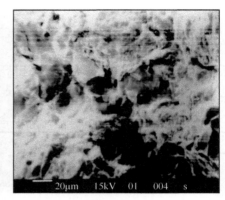

(e) 350×图片　　　　　　　　　　(f) 450×图片

图 3-5　矸石不同分辨率下 SEM 图片

表 3-2　矸石 SEM 图片细观结构描述

序号	图号	分辨率	范围	图片说明
1	3-5(a)	80×	概貌	粗粒矿物间多镶嵌分布;压实特征明显;结构较致密;粗大孔洞及裂隙基本未见
2	3-5(b)	160×	局部放大	基本同上;粗大矿物相对集中;与细粒黏土间具胶结结构;孔隙不发育
3	3-5(c)	200×	局部放大	基本同上
4	3-5(d)	250×	局部放大	细粒黏土间微孔洞及裂隙不发育;未见明显层状分布规律
5	3-5(e)	350×	局部放大	粗粒矿物与黏土间基本具"胶结"结构;孔隙不发育
6	3-5(f)	450×	局部放大	局部 Ca 质颗粒分布相对集中;晶体粗大结晶较完整

由图 3-5 及表 3-2 分析可知,矸石颗粒比较致密,表面凹凸不平,具有被细小颗粒填充的空间,在压实初始阶段,细小颗粒将会相互挤占空间,逐步密实,其中的粗颗粒具有很强的承载能力。

4. 风积沙物理特性

1) 风积沙含水率测试

依据含水率的测试原理,测试得出风积沙的含水率均值为 0.78%,具体结果见表 3-3。

2) 风积沙扫描电镜分析

通过扫描电镜(scanning electron microscope,SEM)分析风积沙的致密度,风积沙在不同分辨率条件下的 SEM 图片如图 3-6 所示,细观结构描述见表 3-4。

表 3-3　风积沙含水率测试结果

编号	湿样/g	干样/g	含水率/%	均值/%
风积沙 1	36.5	36.3	0.55	
风积沙 2	41.1	40.8	0.74	0.78
风积沙 3	57.3	56.7	1.06	

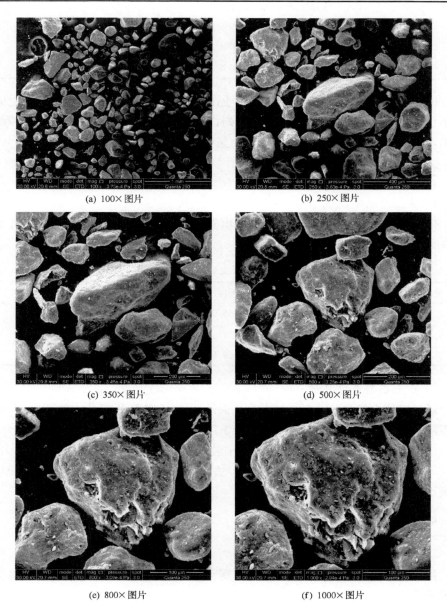

(a) 100× 图片　　　　　　　　　　(b) 250× 图片

(c) 350× 图片　　　　　　　　　　(d) 500× 图片

(e) 800× 图片　　　　　　　　　　(f) 1000× 图片

图 3-6　风积沙不同分辨率下 SEM 图片

表 3-4　风积沙 SEM 图片细观结构描述

序号	图号	分辨率	范围	图片说明
1	3-6(a)	100×	概貌	颗粒大小均匀分布;粗大颗粒间孔隙较多
2	3-6(b)	250×	局部放大	基本同上;粗大矿物相对集中;与细粒矿物相间分布;孔隙较大
3	3-6(c)	350×	局部放大	基本同上
4	3-6(d)	500×	局部放大	细小颗粒间微孔洞及裂隙发育
5	3-6(e)	800×	局部放大	粗大颗粒密实,有裂隙发育
6	3-6(f)	1000×	局部放大	粗大颗粒局部有叠层,孔隙发育

由图 3-6 及表 3-4 分析可知,风积沙颗粒细小且均匀,致密坚硬,颗粒之间空隙小且多,透气性良好。颗粒表面不规则,凹凸不平,孔隙不发育。由于颗粒细小均匀,能较好地传递压力,不易形成应力集中,总体积变化较难。

5. 黄土物理特性

1）黄土含水率测试

依据含水率的测试原理,测试得出黄土的含水率均值 1.57%,其结果见表 3-5。

表 3-5　高原黄土含水率测试结果

编号	湿样/g	干样/g	含水率/%	均值/%
黄土 1	56.3	55.5	1.44	
黄土 2	27.4	27	1.48	1.57
黄土 3	34.4	33.8	1.78	

2）黄土扫描电镜分析

通过扫描电镜（scanning electron microscope,SEM）分析黄土的致密度,黄土在不同分辨率条件下的 SEM 图片如图 3-7 所示,细观结构描述见表 3-6。

由图 3-7 及表 3-6 分析可知,黄土土粒间孔隙发育,其在受一定的作用力后,因粒间孔隙闭合等原因,必然会出现较大的压缩变形量。因此,采用黄土充填应考虑黄土土粒间孔隙对充填效果的影响。

6. 露天矿渣物理特性

1）露天矿渣含水率测试

依据含水率的测试原理,测试得出露天矿渣的含水率均值为 9.93%,具体结果见表 3-7。

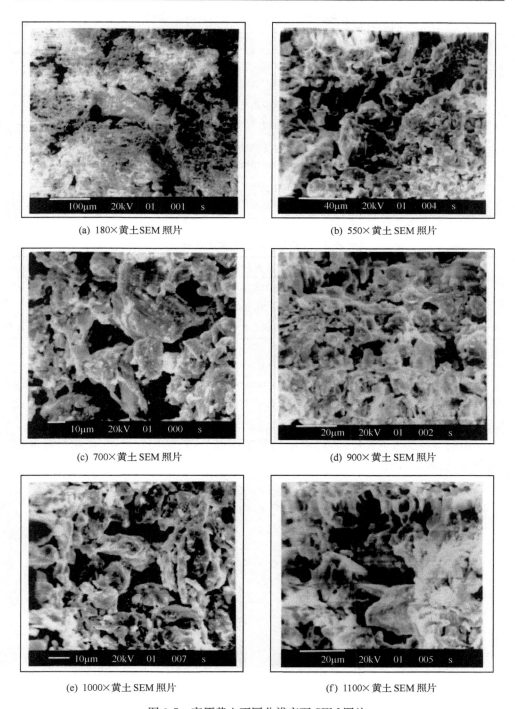

(a) 180×黄土SEM照片

(b) 550×黄土 SEM 照片

(c) 700×黄土 SEM 照片

(d) 900×黄土 SEM 照片

(e) 1000×黄土 SEM 照片

(f) 1100×黄土 SEM 照片

图 3-7　高原黄土不同分辨率下 SEM 图片

表 3-6　黄土 SEM 图片细观结构描述

序号	图号	分辨率	范围	描述
1	3-7(a)	180×	概貌	粗大矿物颗粒少见；细粒矿物与黏土团粒分布较均匀；部分区域有较大裂隙
2	3-7(b)	550×	局部放大	团粒间中孔及微孔发育；连通好
3	3-7(c)	700×	局部放大	粒间多以"点"接触方式构架；粒间孔隙较发育
4	3-7(d)	900×	局部放大	黏土矿物"层状"分布特征不明显；细粒矿物与细粒黏土基本呈松散堆积结构
5	3-7(e)	1000×	局部放大	局部黏土团粒间孔隙密度较大；结构松散
6	3-7(f)	1100×	局部放大	细粒矿物与黏土基本不具"胶结"结构，多为松散堆积

表 3-7　露天矿渣含水率测试结果

编号	湿样/g	干样/g	含水率/%	均值/%
露天矿渣 1	154.3	138.8	11.1	
露天矿渣 2	164.8	148.2	11.2	9.93
露天矿渣 3	142.6	132.6	7.5	

2）露天矿渣扫描电镜分析

通过扫描电镜（scanning electron microscope，SEM）分析露天矿渣的致密度，露天矿渣在不同分辨率条件下的 SEM 图片如图 3-8 所示，细观结构描述见表 3-8。

由图 3-8 及表 3-8 可知，粗粒矿物间多镶嵌分布、结构较致密、矿物颗粒间镶嵌分布，孔隙不发育。

(a) 100×图片　　　　　　　　　　　　(b) 250×图片

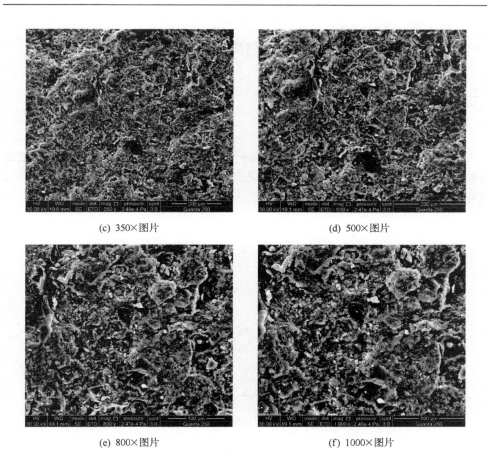

(c) 350×图片　　　　　　　　　　　　　　　　(d) 500×图片

(e) 800×图片　　　　　　　　　　　　　　　　(f) 1000×图片

图 3-8　露天矿渣不同分辨率下 SEM 图片

表 3-8　露天矿渣 SEM 图片细观结构描述

序号	图号	分辨率	范围	图片说明
1	3-8(a)	100×	概貌	粗粒矿物间多镶嵌分布；结构较致密；粗大孔洞及裂隙基本未见
2	3-8(b)	250×	局部放大	基本同上；粗大矿物相对集中
3	3-8(c)	350×	局部放大	基本同上
4	3-8(d)	500×	局部放大	基本同上；表面凹凸不平，未发现孔隙；未见明显层状分布规律
5	3-8(e)	800×	局部放大	矿物颗粒间镶嵌分布；孔隙不发育
6	3-8(f)	1000×	局部放大	局部 Ca 质颗粒分布相对集中；晶体粗大，结晶较完整

3.2　单一充填材料力学特性测试

3.2.1　充填材料的应变与应力关系

1. 试验材料及设备

试验材料包括矸石、黄土、风积沙和露天矿渣。实验中将矸石与露天矿渣破碎为粒径小于 50mm 样品,破碎后的粒径级配如图 3-9 所示;黄土及风积沙不需破碎即可满足试验要求。

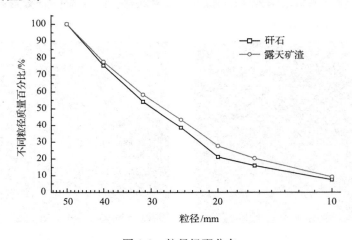

图 3-9　粒径级配分布

　　压实装置为自行设计的采用无缝钢管加工而成的钢筒,高度为 305mm,内径为 125mm,壁厚为 12mm;加载装置为 YAS-5000 电液伺服试验系统,最大轴向力为 5000kN,测控范围为 0～250mm,压实加载采用载荷控制,加载由试验系统通过配于钢筒的活塞和传力杆实现,加载速率为 1～2kN/s,分别用载荷传感器和行程传感器测量充填材料在压实过程中的压实载荷和压实变形量,如图 3-10 所示。

2. 试验方案

　　试验中将矸石、风积沙、黄土及露天矿渣各称取 9kg,矸石、露天矿渣按破碎后的粒径级配进行配制,将称量好的充填材料装入钢筒内进行压实试验,分别测试 4 种充填材料的压实变形特性,为确保试验数据的真实有效性,以上每组试验均进行 3 次,具体试验方案见表 3-9。

图 3-10　试验设备

表 3-9　充填材料压实特性试验方案

材料种类	取样方式	极限轴向应力/MPa
矸石	人工破碎级配	20
风积沙	人工取样	20
黄土	人工取样	20
露天矿渣	人工破碎级配	20

3. 试验结果及分析

充填材料在压实过程中的轴向应力与应变之间具有一定的相关性,为研究二者之间的关系,为实际工程提供参考依据,定义充填材料的轴向应力为作用在充填材料上的轴向载荷 P 与受力面积 A 之比,其表达式为

$$\sigma = \frac{P}{A} \tag{3-2}$$

定义充填材料的应变为其压实变形量 Δh 与初始装料高度 h 之比,其表达

式为

$$\varepsilon = \frac{\Delta h}{h} \tag{3-3}$$

不同充填材料应变和轴向应力的关系曲线如图 3-11 所示。

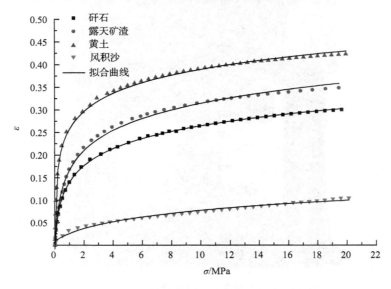

图 3-11　不同充填材料应变-轴向应力关系曲线

由图 3-11 可知。

（1）压实过程中不同充填材料的应变-应力关系十分相似,均呈对数形式;随着压实应力的增大,不同充填材料的应变逐渐增大,但增加的幅度越来越小,逐渐趋于稳定。

（2）整个压实过程可分为快速压实、缓慢压实及稳定压实 3 个阶段;在快速压实阶段（0～2.5MPa）,由于充填材料颗粒间存在大量孔隙,颗粒间抵抗变形的能力较弱,因此变形较快;在缓慢压实阶段（2.5～10.0MPa）,随着应力的增加,颗粒开始大量破碎,破碎的小颗粒填充了孔隙,充填材料中的孔隙率减小,充填材料抵抗变形的能力逐渐增大,因此,应变增长率逐渐减少;在稳定压实阶段（10.0～20.0MPa）,充填材料逐渐被压密,应变的变化率趋于零。

（3）相同应力条件下,充填材料的应变大小依次为:黄土、露天矿渣、矸石、风积沙,也即其抗变形能力大小依次为:风积沙、矸石、露天矿渣、黄土。

根据数据采集结果对曲线进行拟合,得其回归函数见表 3-10。

表 3-10　不同充填材料的应变-应力回归函数

分类	$\varepsilon\sigma$ 方程	R^2
矸石	$\varepsilon = 0.056\ln(11.412\sigma + 0.751)$	0.999 87
黄土	$\varepsilon = 0.058\ln(85.999\sigma - 0.934)$	0.999 45
风积沙	$\varepsilon = 0.036\ln(0.769\sigma + 1.272)$	0.999 98
露天矿渣	$\varepsilon = 0.066\ln(11.711\sigma + 0.641)$	0.998 65

3.2.2　充填材料的压实度与应力关系

充填材料的压实度是指充填材料受外力作用而被压实的程度,可表征为充填材料压实后体积与原松散状态下体积的比值。压实度 k 的计算式为

$$k = \frac{V_{ys}}{V_s} \tag{3-4}$$

式中：V_{ys} 为压实后的体积；V_s 为原松散状态下体积。

不同充填材料压实度和轴向应力的关系曲线如图 3-12 所示。

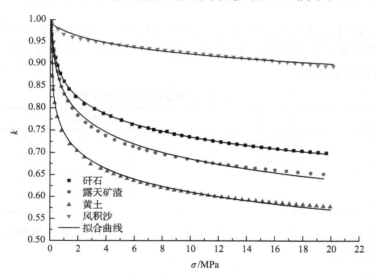

图 3-12　不同充填材料压实度-轴向应力关系曲线

由图 3-12 可知。

(1) 不同充填材料的压实度-应力关系为非线性关系,且随着压实应力的增大,压实度逐渐减小,但减小的幅度越来越小并逐渐趋于稳定。

(2) 在压实过程中,不同充填材料的压实度-应力关系与其应变-应力关系具有相同的变化规律,也经历快速压实、缓慢压实及压实稳定 3 个阶段。

（3）充填材料的抗压实能力主要由材料的粒径和强度决定。黄土、风积沙的粒径均小于 2.5mm，但风积沙的强度最大，其抗压实能力最强。

根据数据采集结果，对曲线进行拟合，得到其回归函数见表 3-11。

表 3-11　不同充填材料的压实度-应力回归函数

分类	$k\text{-}\sigma$ 方程	R^2
矸石	$k=1-0.056\ln(11.412\sigma+0.751)$	0.999 87
风积沙	$k=1-0.036\ln(0.769\sigma+1.272)$	0.999 98
黄土	$k=1-0.058\ln(85.999\sigma-0.934)$	0.999 45
露天矿渣	$k=1-0.066\ln(11.711\sigma+0.641)$	0.998 65

3.2.3　充填材料的时间相关特性

本节研究试样在某一恒定压力作用下变形的时间相关性，同时分析压力水平对其变形特征的影响。

1. 充填材料时间相关特性测试方法

压实变形时间相关特性测试仪器选用 YAS-5000 电液伺服试验系统，该系统的保载模式能够将压实力固定在定值。试验材料包括矸石、风积沙、黄土和露天矿渣，试验方案见表 3-12。

表 3-12　充填材料时间相关特性试验方案

材料种类	取样方式	恒定轴向应力/MPa				
矸石	人工破碎级配	2	5	10	15	20
风积沙	人工取样	2	5	10	15	20
黄土	人工取样	2	5	10	15	20
露天矿渣	人工破碎级配	2	5	10	15	20

试验系统达到轴向应力的时间控制在 1～4min，保持载荷时控制在 7200s，并实时记录试验数据。

2. 试验结果

根据表 3-12 确定的试验方案，对矸石、风积沙、黄土和露天矿渣进行时间相关特性试验，将所得试验数据进行回归分析，整理得出其时间相关特性曲线。

1）矸石

在 2MPa、5MPa、10MPa、15MPa 和 20MPa 压力水平下时间相关特性曲线如图 3-13 所示。

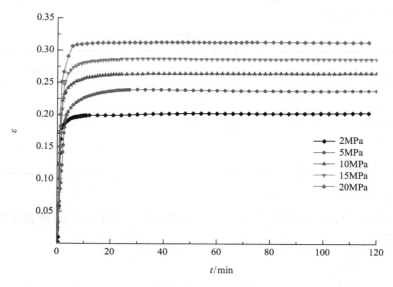

图 3-13　矸石在不同压力下时间相关特性曲线

由图 3-13 可知,在压力增大阶段,矸石变形较快,压力越大,变形越大;不同压力水平下的矸石最终应变量水平也不同,随着压力水平的增加,应变水平递增。在压力保持阶段,随着时间的增加,矸石变形呈近似直线状,流变变形较小。

根据数据采集结果,对时间相关特性曲线进行拟合,得到其回归函数,见表 3-13。

表 3-13　不同压力矸石压实变形时间相关特性函数

分类	εt 方程	R^2
2MPa 流变	$\varepsilon=0.001\,796\ln t+0.187\,7$	0.957 62
5MPa 流变	$\varepsilon=0.001\,396\ln t+0.227$	0.947 56
10MPa 流变	$\varepsilon=0.001\,846\ln t+0.249\,2$	0.934 7
15MPa 流变	$\varepsilon=0.001\,045\ln t+0.278\,1$	0.957 8
20MPa 流变	$\varepsilon=0.001\,649\ln t+0.299\,7$	0.969 8

注:时间 t 的单位为 s

由表 3-13 计算出压力稳定后矸石试样历经不同时间的压实变形量,见表 3-14。

由图 3-13、表 3-13 和表 3-14 可知,矸石试样在 2MPa、5MPa、10MPa、15MPa 和 20MPa 恒压下保持 7200s,试样的变形量分别为试样总高的 20.3%、23.9%、26.6%、28.7% 和 31.4%。由于充填采煤充填体变形的稳定时间一般为 3~6 个月,根据回归方程计算得出充填体稳定后的总变形量分别为 21.7%、25.0%、

28.0%、29.5%和32.7%。

表 3-14   历经不同时间后的矸石应变量(%)

t/月	1	3	6	12
2MPa 流变	21.4	21.6	21.7	21.9
5MPa 流变	24.8	24.9	25	25.1
10MPa 流变	27.6	27.8	28	28.1
15MPa 流变	29.4	29.5	29.5	29.6
20MPa 流变	32.4	32.6	32.7	32.8

2) 风积沙

在 2MPa、5MPa、10MPa、15MPa 和 20MPa 压力水平下时间相关特性曲线如图 3-14 所示。

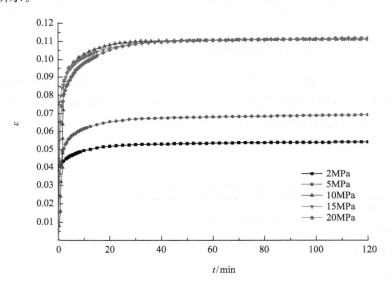

图 3-14   风积沙在不同压力下时间相关特性曲线

由图 3-14 可知,在压力增大阶段,风积沙变形较快,压力越大,变形越大,10MPa、15MPa 和 20MPa 的变形值近似,说明 10MPa 以上,风积沙已经压实致密;在压力保持阶段,随着时间的增加,风积沙变形呈近似直线状,流变变形较小。

根据数据采集结果,对时间相关特性曲线进行拟合,得到其回归函数见表 3-15。

由表 3-15 计算出压力稳定后风积沙试样历经不同时间的压实变形量,见表 3-16。

表 3-15　不同压力风积沙压实变形时间相关特性函数

分类	ε-t 方程	R^2
2MPa 流变	$\varepsilon=0.000\,35\ln t+0.050\,51$	0.925 62
5MPa 流变	$\varepsilon=0.000\,67\ln t+0.063\,02$	0.937 55
10MPa 流变	$\varepsilon=0.001\,03\ln t+0.087\,02$	0.944 2
15MPa 流变	$\varepsilon=0.000\,61\ln t+0.106\,1$	0.977 5
20MPa 流变	$\varepsilon=0.001\,14\ln t+0.101\,7$	0.969 5

注：时间 t 的单位为 s

表 3-16　历经不同时间后的风积沙应变量（%）

t/月	1	3	6	12
2MPa 流变	5.57	5.61	5.63	5.65
5MPa 流变	7.29	7.37	7.41	7.46
10MPa 流变	10.22	10.34	10.41	10.48
15MPa 流变	11.51	11.58	11.62	11.66
20MPa 流变	11.85	11.98	12.06	12.14

由图 3-14、表 3-15 和表 3-16 可知，风积沙试样在 2MPa、5MPa、10MPa、15MPa 和 20MPa 恒压下保持 7200s，试样的变形量分别为试样总高的 5.3%、6.9%、9.6%、11.1% 和 11.2%。由于充填采煤充填体变形的稳定时间一般为 3~6 个月，根据回归方程计算得出充填体稳定后的总变形量分别为 5.63%、7.41%、10.41%、11.62% 和 12.06%。

3）黄土

在 2MPa、5MPa、10MPa、15MPa 和 20MPa 压力水平下时间相关特性曲线如图 3-15 所示。

由图 3-15 可知，在压力增大阶段，黄土变形较快，压力越大，变形越大，15MPa 和 20MPa 的变形值近似，说明 15MPa 以上黄土已经压实致密；在压力保持阶段，随着时间的增加，黄土变形呈近似直线状，流变变形较小。

根据数据采集结果，对时间相关特性曲线进行拟合，得到其回归函数，见表 3-17。

由表 3-17 计算出压力稳定后黄土试样历经不同时间的压实变形量，见表 3-18。

由图 3-15、表 3-17 和表 3-18 可知，黄土试样在 2MPa、5MPa、10MPa、15MPa 和 20MPa 恒压下保持 7200s，试样的变形量分别为试样总高的 30.3%、33.8%、37.4%、46.4% 和 47.8%。由于充填采煤充填体变形的稳定时间一般为 3~6 个月，根据回归方程计算得出充填体稳定后的总变形量分别为 30.8%、37.3%、

40.6%、49.0%和50.0%。

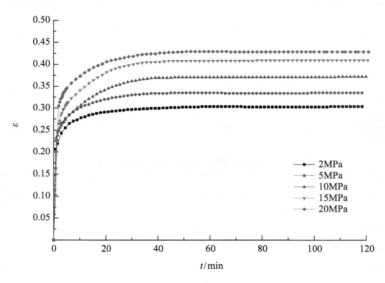

图 3-15　黄土在不同压力下时间相关特性曲线

表 3-17　不同压力黄土压实变形时间相关特性函数

分类	ε-t 方程	R^2
2MPa 流变	$\varepsilon=0.000\ 655\ 8\ln t+0.297\ 2$	0.945 62
5MPa 流变	$\varepsilon=0.004\ 651\ln t+0.296\ 4$	0.927 86
10MPa 流变	$\varepsilon=0.004\ 068\ln t+0.338\ 2$	0.934 6
15MPa 流变	$\varepsilon=0.003\ 338\ln t+0.434\ 7$	0.947 5
20MPa 流变	$\varepsilon=0.001\ 572\ln t+0.454\ 3$	0.965 8

注：时间 t 的单位为 s

表 3-18　历经不同时间后的黄土应变量（%）

t/月	1	3	6	12
2MPa 流变	30.7	30.8	30.8	30.9
5MPa 流变	36.5	37.0	37.3	37.7
10MPa 流变	39.8	40.3	40.6	40.8
15MPa 流变	48.4	48.8	49.0	49.2
20MPa 流变	49.8	49.9	50.0	50.1

4）露天矿渣

在 2MPa、5MPa、10MPa、15MPa 和 20MPa 压力水平下时间相关特性曲线如图 3-16 所示。

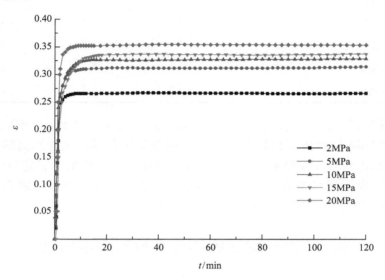

图 3-16　露天矿渣在不同压力下时间相关特性曲线

由图 3-16 可知，在压力增大阶段，露天矿渣变形较快，压力越大，变形越大，压力大于 5MPa 时，压力的增加对充填材料稳定变形量的增大影响较小；在压力保持阶段，随着时间的增加，露天矿渣变形呈近似直线状，流变变形较小。

根据数据采集结果，对时间相关特性曲线进行拟合，得到其回归函数，见表 3-19。

表 3-19　不同压力露天矿渣压实变形时间相关特性函数

分类	$\varepsilon\text{-}t$ 方程	R^2
2MPa 流变	$\varepsilon=0.000\ 302\ 8\ln t+0.264\ 8$	0.927 52
5MPa 流变	$\varepsilon=0.001\ 163\ln t+0.304\ 3$	0.937 55
10MPa 流变	$\varepsilon=0.000\ 535\ 5\ln t+0.332\ 8$	0.954 78
15MPa 流变	$\varepsilon=0.000\ 892\ln t+0.407\ 9$	0.977 6
20MPa 流变	$\varepsilon=0.000\ 992\ln t+0.427\ 9$	0.959 4

注：时间 t 的单位为 s

由表 3-19 计算出压力稳定后露天矿渣试样历经不同时间的压实变形量，见表 3-20。

表 3-20　历经不同时间后的露天矿渣应变量　　　　　　　　　（％）

t/月	1	3	6	12
2MPa 流变	26.9	27.0	27.0	27.0
5MPa 流变	32.1	32.3	32.4	32.4
10MPa 流变	34.1	34.1	34.2	34.2
15MPa 流变	42.1	42.2	42.3	42.3
20MPa 流变	44.3	44.4	44.4	44.5

由图 3-16、表 3-19 和表 3-20 可知,露天矿渣试样在 2MPa、5MPa、10MPa、15MPa 和 20MPa 恒压下保持 7200s,试样的变形量分别为试样总高的 26.7％、31.5％、33.8％、41.6％和 43.7％。由于充填采煤充填体变形的稳定时间一般为 3～6 个月,根据回归方程计算得出充填体稳定后的总变形量分别为 27.0％、32.4％、34.2％、42.3％和 44.4％。

3.3　混合配比固体充填材料力学特性

3.3.1　混合配比方案设计

充填材料的物理特性及单一充填材料的力学特性测试结果表明,矸石、风积沙、黄土及露天矿渣的结构、孔隙率、承载性能等均不相同,通过进行不同材料的组合,有可能改善充填材料的物理力学特性。同时,在不同的矿区,充填材料的种类及分布不同,当同时存在多种可用的充填材料时,也需要进行优化配比,从而实现较好的充填效果。并且,考虑添加外加剂石灰来改善材料的力学特性。混合配比方案的设计主要考虑以下因素:①风积沙抗压性能较强,且孔隙率较低;②黄土能够填充风积沙孔隙,提高充填材料整体的抗压性能;③矸石或露天矿渣本身强度较高,但孔隙率较高,若添加风积沙、黄土填充其孔隙,可提高充填材料整体的抗压性能;④石灰是一种以氧化钙为主要成分的气硬性无机胶凝材料,能够对风积沙、黄土进行改良,优化充填材料的压实效果。设计的充填材料压实试验方案见表 3-21。

将每一种配比的充填材料置于压实钢筒中,用游标卡尺量取装料高度 h,然后对充填材料进行轴向加载,最大压实力选取 299kN(约为 6MPa),加载速率为 1kN/s,采集的数据为轴向压力、轴向位移。

表 3-21　充填材料的压实试验方案

	配比号	风积沙：黄土：石灰（质量比）
方案一	1	1：0.3：0.12
	2	1：0.3：0.16
	3	1：0.3：0.20
	4	1：0.5：0.14
	5	1：0.5：0.18
	6	1：0.5：0.22
	7	1：0.8：0.16
	8	1：0.8：0.22
	9	1：0.8：0.28
	配比号	风积沙：石灰
方案二	10	1：0.12
	11	1：0.15
	12	1：0.20
	配比号	风积沙：黄土
方案三	13	1：0.3
	14	1：0.5
	15	1：0.8
	配比号	矸石：风积沙
方案四	16	1：0.8
	17	1：1.0
	18	1：1.2
	配比号	矸石：黄土
方案五	19	1：0.6
	20	1：0.8
	21	1：1.0

3.3.2　混合充填材料的力学特性测试结果分析

1. 方案一（风积沙、黄土、石灰不同质量比）

风积沙、黄土、石灰在不同质量比条件下充填材料在压实过程中对应的应变-应力曲线如图 3-17 所示。

运用 Origin 软件中的曲线拟合工具,拟合得出方案一不同配比条件下充填材

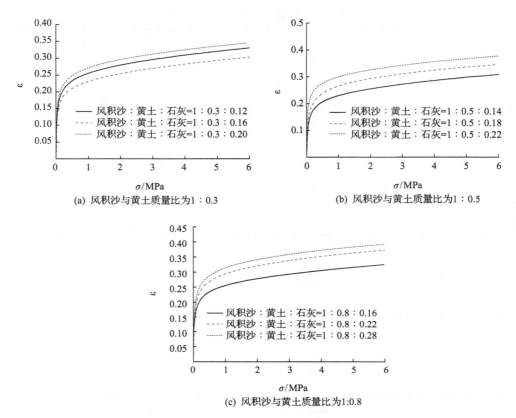

图 3-17　方案一：风积沙、黄土、石灰不同质量比条件下应变-应力曲线

料应变-应力关系式，见表 3-22。

表 3-22　方案一不同配比充填材料的应变-应力关系式

配比号	应变-应力关系	相关系数 R^2
$1:0.3:0.12$	$\varepsilon = 0.042\,7\ln(1079.87\sigma - 0.1\,056)$	0.9949
$1:0.3:0.16$	$\varepsilon = 0.039\,6\ln(619.92\sigma - 0.138)$	$0.993\,85$
$1:0.3:0.20$	$\varepsilon = 0.040\,9\ln(173.24\sigma + 0.180\,1)$	$0.994\,8$
$1:0.5:0.14$	$\varepsilon = 0.044\,8\ln(356.65\sigma + 0.031\,2)$	$0.998\,1$
$1:0.5:0.18$	$\varepsilon = 0.036\,7\ln(1\,017.86\sigma - 1.905)$	$0.996\,4$
$1:0.5:0.22$	$\varepsilon = 0.040\,1\ln(830.74\sigma - 0.828)$	$0.996\,8$
$1:0.8:0.16$	$\varepsilon = 0.037\,4\ln(30.059\sigma + 1.038\,19)$	$0.992\,3$
$1:0.8:0.22$	$\varepsilon = 0.044\,8\ln(660.10\sigma - 0.063\,6)$	$0.993\,63$
$1:0.8:0.28$	$\varepsilon = 0.045\,8\ln(859.437\,3\sigma - 0.011\,9)$	$0.993\,12$

由图 3-17、表 3-22 分析可知。

（1）不同配比条件下充填材料的应变-应力关系曲线整体上呈对数分布趋势，随着压应力的逐步增加，充填材料试样逐渐被压实，应变增长量逐渐减小。

（2）当风积沙、黄土、石灰质量比分别为 1∶0.5∶0.14、1∶0.8∶0.16、1∶0.3∶0.16 时应变值最小，其中其质量比为 1∶0.5∶0.14 应变最小。

　2. 方案二（风积沙、石灰不同质量比）

风积沙、石灰不同质量比条件下充填材料在压实过程中对应的应变-应力曲线如图 3-18 所示。

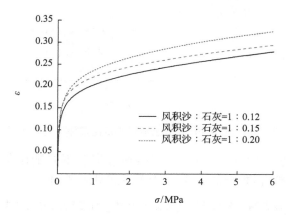

图 3-18　方案二：风积沙、石灰不同质量比条件下应变-应力曲线

运用 Origin 软件中的曲线拟合工具，对方案二不同配比条件下充填材料应变-应力关系进行拟合，拟合的应变-应力关系式见表 3-23。

表 3-23　方案二不同配比充填材料的应变-应力关系式

配比号	应变-应力关系式	相关系数 R^2
1∶0.12	$\varepsilon=0.037\,7\ln(225.88\sigma+0.716)$	0.991 0
1∶0.15	$\varepsilon=0.037\,2\ln(390.20\sigma+0.418\,5)$	0.994 5
1∶0.20	$\varepsilon=0.045\,41\ln(186.71\sigma+0.765\,4)$	0.995 7

由图 3-18、表 3-23 分析可知。

（1）不同配比条件下充填材料的应变-应力关系曲线整体上呈对数分布趋势，随着压应力的逐步增加，充填材料试样逐渐被压实，应变增长量逐渐减小。

（2）当风积沙∶石灰为 1∶0.12 时应变值最小，因此，1∶0.12 为方案二中较优的配比。

3. 方案三(风积沙、黄土不同质量比)

不同配比条件下充填材料在压实过程中对应的应变-应力曲线如图 3-19 所示。

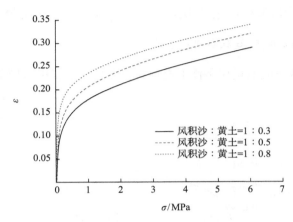

图 3-19　方案三:风积沙、黄土不同质量比条件下应变-应力曲线

运用 Origin 软件中的曲线拟合工具,对方案三不同配比条件下充填材料应变-应力关系进行拟合,拟合的应变-应力关系式见表 3-24。

表 3-24　方案三不同配比充填材料的应变-应力关系式

配比号	应变-应力关系	相关系数 R^2
1:0.3	$\varepsilon=0.0615\ln(15.77\sigma+1.887)$	0.9859
1:0.5	$\varepsilon=0.058\ln(34.362\sigma+1.093)$	0.9871
1:0.8	$\varepsilon=0.0502\ln(115.33\sigma+0.898)$	0.9853

由图 3-19、表 3-24 分析可知。

(1) 不同配比条件下充填材料的应变-应力关系曲线整体上呈对数分布趋势,随着压应力的逐步增加,充填材料试样逐渐被压实,应变增长量逐渐减小。

(2) 当风积沙:黄土为 1:0.3 时应变值最小,因此,1:0.3 为方案三中较优的配比。

4. 方案四(矸石与风积沙的不同质量比)

矸石与风积沙的不同质量比条件下在压实过程中对应的应变-应力曲线如图 3-20 所示。

运用 Origin 软件中的曲线拟合工具,对方案四不同配比条件下充填材料应变-应力关系进行拟合,拟合的应变-应力关系式见表 3-25。

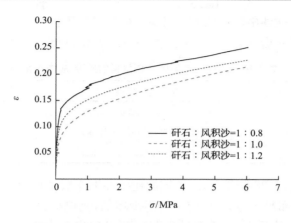

图 3-20　方案四:矸石与风积沙的不同质量比条件下应变-应力曲线

表 3-25　方案四不同配比充填材料的应变-应力关系式

配比号	应变-应力关系	相关系数 R^2
1∶0.8	$\varepsilon=0.036\ln(135.67\sigma+2.886)$	0.982 2
1∶1.0	$\varepsilon=0.047\ln(12.86\sigma+2.216)$	0.982 2
1∶1.2	$\varepsilon=0.036\ln(66.477\sigma+1.34)$	0.982 3

由图 3-20、表 3-25 分析可知,不同配比条件下充填材料的应变-应力关系曲线整体上呈对数分布趋势,随着压应力的逐步增加,充填材料试样逐渐被压实,应变增长量逐渐减小;当矸石、风积沙的质量比为 1∶0.8 时应变值最小。

5. 方案五(矸石与黄土的不同质量比)

矸石与黄土的不同质量比条件下充填材料在压实过程中对应的应变-应力曲线如图 3-21 所示。

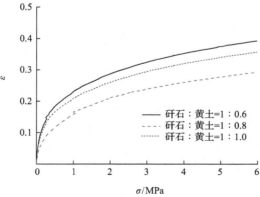

图 3-21　方案五:矸石与黄土不同质量比条件下应变-应力曲线

运用 Origin 软件中的曲线拟合工具,对方案五不同配比条件下充填材料应变-应力关系进行拟合,拟合的应变-应力关系式见表 3-26。

表 3-26　方案五各配比充填材料的应变-应力关系式

配比号	应变-应力关系	相关系数 R^2
1:0.6	$\varepsilon=0.092\ln(11.035\sigma+1.319)$	0.996 6
1:0.8	$\varepsilon=0.078\,7\ln(6.503\sigma+1.196)$	0.998 9
1:1.0	$\varepsilon=0.083\ln(11.036\sigma+1.32)$	0.996 6

由图 3-21、表 3-26 分析可知,不同配比条件下充填材料的应变-应力关系曲线整体上呈对数分布趋势,随着压应力的逐步增加,充填材料试样逐渐被压实,应变增长量逐渐减小;当矸石、黄土质量比为 1:0.8 时应变值最小。

第4章   固体充填回收房式煤柱方法

4.1   充填材料输送系统

4.1.1   充填材料地面预处理系统

充填材料地面预处理系统是指在地面用于运输、加工及存储矸石、风积沙、黄土或露天矿渣等充填物料的各种建(构)筑物及设备的统称,包括取料系统、转运系统、筛分系统和存储系统。以地面预处理黄土为例,其地面预处理过程如图 4-1 所示。

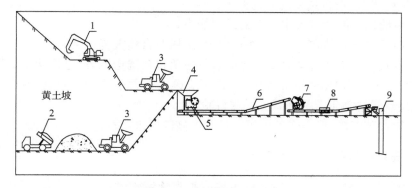

图 4-1   地面运输系统示意

1-挖掘机;2-汽车;3-装载机;4-卸料漏斗;5-颚式破碎机;6-带式输送机;7-反击式破碎机;
8-计量装置;9-投料输送系统

基于简单、高效、低故障率的原则和对运输系统的性能要求,黄土地面预处理系统工艺流程如图 4-2 所示。

图 4-2   地面预处理系统工艺流程

地面运输系统的工艺流程如下。

（1）黄土经过挖掘机开挖并堆积后，经装载机转运到卸料漏斗（为防止大块物料或树枝等杂物进入，在卸料漏斗上安设间距为 600mm×600mm 的篦子），漏斗中的黄土经过一级颚式破碎机的破碎，粒径变为 300mm 以下，而后经过带式输送机转运至二级反击式破碎机，被破碎至 50mm 以下，黄土最终被带式输送机运到投料输送系统。当取土点距离颚式破碎机较远时，可以在取土点与颚式破碎机之间加装刮板输送机。

反击式破碎机下口处安装有分料器，正常情况下，分料器仅向固定式带式输送机送料；当需要向存料大棚中补充物料时，分料器向移动式带式输送机供料，移动式带式输送机可将物料抛洒至大棚中，利用装载机将抛洒下的物料堆积起来。

（2）生产前预先在存料大棚中存储约一定量黄土。一般情况下使用室外黄土山上的黄土，在出现阴雨、严寒等无法取土或取土缓慢的情况时使用大棚中的黄土。

地面预处理设备主要包括卡车、推土机、带式输送机、卸料漏斗、颚式破碎机、反击式破碎机等，设备选型的原则如下。

① 系统输送能力应大于充填的最大能力；

② 由于设备安装在地面，应注意防雨、防风及自然灾害；

③ 带式输送机在选型时要确定的参数主要包括输送能力、电机功率和架体强度，电机功率主要根据运输的倾角、带长及输送量的大小等条件确定，强度应按使用可能出现最恶劣工况和满载工况进行验算；

④ 颚式破碎机、反击式破碎机满足基本破碎要求，设备安全，可靠性高。

4.1.2　充填材料井上下运输系统

目前充填材料井上下运输系统主要有垂直连续输送系统和平硐、斜井井上下运输系统。

1. 垂直连续输送系统

1）基本原理

地面充填物料运输至垂直投料输送系统井口，充填物料被投放至投料井，经缓冲装置缓冲后进入给料机，通过给料机放至井底带式输送机。垂直投料输送系统的主要设备包括投料管、缓冲装置、满仓报警监控装置、控制装置等，投料输送系统结构如图 4-3 所示，输送系统缓冲器如图 4-4 所示。

2）投料管结构设计

投料管安装在钻孔内，形成物料的垂直输送通道。在安装过程中，需要承受纵向拉力；在使用过程中，需要承受充填物料对管壁的冲击、冲蚀摩擦及外侧岩体对管体的围压作用。为保证投料管顺利安装并达到规定的使用年限，需要对其结构

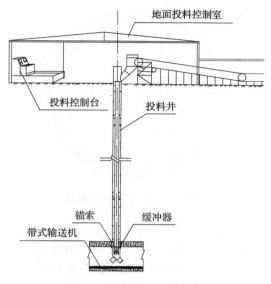

图 4-3　投料输送系统结构

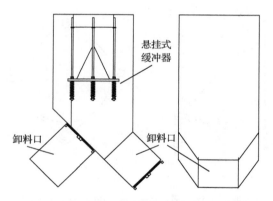

图 4-4　投料输送系统缓冲器局部放大图

进行设计。

　　根据投料管需要达到的要求,结合其制造工艺,设计投料管为三层管状结构,分别为合金耐磨层、中间层和外层无缝钢管,其结构如图 4-5 所示。其中,合金耐磨层采用高耐磨性材料需浇铸于内层,其主要承受投料过程中充填物料对管壁的冲击及摩擦,保证投料系统的使用年限。同时,合金耐磨层抗压强度较大,可以承受投料管在安装及使用过程中的外侧围压;设计外层无缝钢管主要利于投料管的制造工艺。另外,外层无缝钢管可以承受安装过程中的纵向拉力及外侧围压。

合金耐磨层

中间层

外层无缝钢管

图 4-5　投料管结构示意图

3）缓冲装置设计

根据落料程度和冲击力分析情况，设计悬挂锥形缓冲器，即缓冲器悬挂于投料井下口，充填物料与缓冲器的直接接触面为圆锥曲面，如图 4-6 所示。

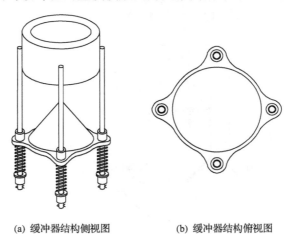

(a) 缓冲器结构侧视图　　　　　(b) 缓冲器结构俯视图

图 4-6　缓冲装置结构原理图

缓冲装置主要由锥形缓冲器、缓冲底座、缓冲弹簧和导轨组成，锥形缓冲器固定于缓冲底座上，缓冲底座与导轨套接连接，导轨上端焊接固定于投料管外壁。物料经投料管投放至缓冲装置，经锥形缓冲器缓冲与充填物料发生对撞，并且由此改变充填物料的运输方向，同时，对撞产生的动能被缓冲装置及其他设备逐级吸收，最终实现缓冲作用。缓冲机构在缓冲弹簧和充填物料的共同作用下实现反复缓冲和复原。

4）垂直输送监控系统

充填物料是从地面通过投料井投至井下缓冲系统而后到井下运输系统中，为防止出现缓冲器给料口处堆积造成的堵管,保障投料工作的安全可靠,同时建立起井上和井下的联系,使井下充填物料在堆料时井上控制台能够及时停止供料,必须安装一套能够识别物料离投料井下料口的高度并能及时将信息传导到控制台的设备,即所谓报警系统,通过该系统实现投料工作的运行与停止的联动。

报警系统主要由雷达物位计、通信光纤、信号转接器、控制台等组成,其中雷达物位计是系统的核心装置,它能够识别物料高度并作出反馈。基本原理如图 4-7 所示。

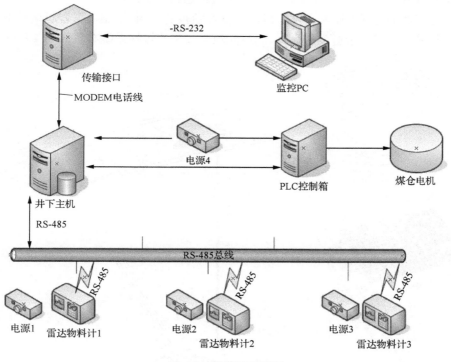

图 4-7　报警装置原理

2. 平硐、斜井井上下运输系统

当矿井为平硐或者斜井开拓时,可直接利用原有的平硐或者斜井运输矸石等充填材料,或者新掘进一条平硐或者斜井作为矸石等充填材料的专用通道。充填材料的输送方式为在斜井或者平硐中铺设一条带式输送机用于将矸石等充填材料从地面运输到井下,当矿井充填需要充填材料量较少、斜井或者平硐采用多段折返不适宜采用带式输送机时,可以采用无轨胶轮车运输充填材料。

4.2　综合机械化固体充填回收房式煤柱方法

4.2.1　综合机械化固体充填回收房式煤柱系统布置

在固体充填回收房式开采煤柱技术中,采用矸石、风积沙、黄土或露天矿渣等充填材料,通过充填材料垂直输送系统送至井下,然后经井下带式运输机、转载机等设备运输至采空区,借助多孔底卸式充填输送机、充填采煤液压支架、夯实机构等设备实现采空区的密实充填。以起到支撑顶板的作用,控制上覆岩层缓慢下沉,同时开采出房式开采留设的煤柱,固体充填回收房式煤柱系统布置如图 4-8 所示。

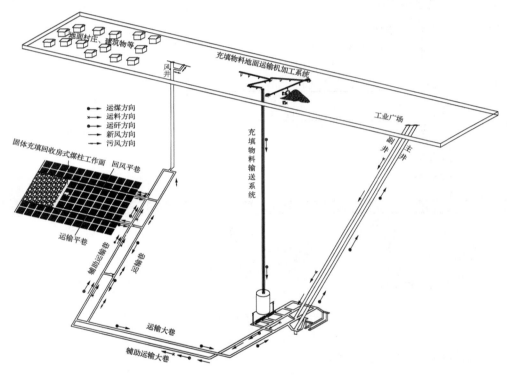

图 4-8　固体充填回收房式煤柱总体布置示意

充填采煤回收房式煤柱的运煤、运料、通风及充填材料等生产系统分述如下。

运煤系统:充填采煤工作面→运输平巷→运输巷→运输大巷→井底车场→主井→地面;

运料系统:副井→井底车场→辅助运输大巷→辅助运输巷→运输平巷→工作面;

通风系统:新鲜风由副井→井底车场→辅助运输大巷→辅助运输巷→运输平巷→工作面;乏风由回风平巷→运输巷→风井→地面;

充填材料运输系统:地面→充填材料输送系统→井底车场→辅助运输大巷→辅助运输巷→回风平巷→工作面;

由于运输充填材料路线与运料路线有部分重复,当井下采用带式输送机运输充填材料时,辅助运输大巷、辅助运输巷及回风平巷均为机轨合一巷。因此,在巷道设计中,要充分保证巷道的断面大小,保证设备的安全运行,并符合《煤矿安全规程》的规定。

4.2.2　综合机械化固体充填回收房式煤柱关键设备

1. 固体充填采煤液压支架

充填采煤液压支架是综合机械化固体密实充填采煤工作面主要装备之一,它与采煤机、刮板输送机、多孔底卸式输送机等配套使用,起着管理顶板隔离围岩、维护作业空间的作用,与刮板输送机配套能自行前移,推进采煤工作面连续作业。

随着综合机械化固体密实充填采煤技术在我国各大矿区的进一步推广与应用,逐步形成了两种基本架型,分别是六柱支撑式充填采煤液压支架和四柱支撑式充填采煤液压支架。

1)六柱支撑式充填采煤液压支架

六柱支撑式充填采煤液压支架主要由前顶梁、立柱、底座、四连杆机构、后顶梁、多孔底卸式输送机、夯实机构等构成。后顶梁由两根斜立柱支撑,以增加支架后顶梁的支护强度和稳定性。根据四连杆机构的不同,六柱支撑式充填采煤液压支架分为正四连杆、反四连杆两种,后者是在前者的基础上创新而来,在支架的前顶梁掩护下有采煤操作通道,其采煤、移架、推溜等工序均在该通道内进行;在支架后顶梁的掩护下有充填操作通道,前部采煤与后部充填操作通道分离。六柱支撑式充填采煤液压支架原理如图 4-9 所示。

2)四柱支撑式充填采煤液压支架

四柱支撑式充填采煤液压支架有两种类型(Ⅰ型和Ⅱ型),Ⅰ型支架与六柱支撑式充填采煤液压支架主体结构相似,主要不同点在于取消了后立柱,改用后部千斤顶支承后顶梁;Ⅱ型支架整架为前后顶梁、四连杆机构同轴铰接。尾部夯实机构有两种调节角度方法,一种是在底座上设置千斤顶,另一种是在后顶梁上设置千斤顶。四柱支撑式充填采煤液压支架原理如图 4-10 所示。

2. 超前液压支架

在回收房式煤柱以及进行充填采空区时,需要对充填工作面前方进行支护。

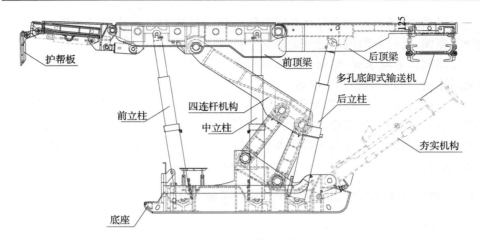

(a) 六柱正四连杆

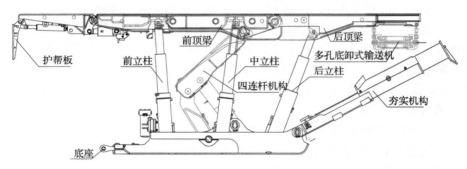

(b) 六柱反四连杆

图 4-9　六柱支撑式充填采煤液压支架结构原理图

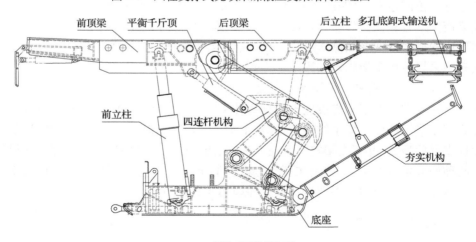

(a) 四柱正四连杆 I 型

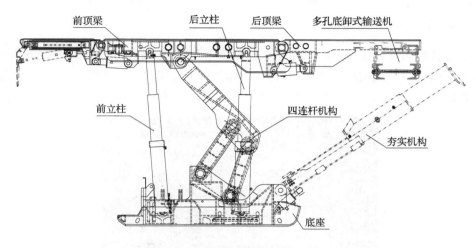

(b) 四柱正四连杆 II 型

图 4-10　四柱支撑式充填采煤液压支架结构原理图

超前液压支架无论从支护能力、支护高度、支护速度、自动化程度、可操作性、安全性等方面都能适应安全高效工作面对支护的要求，所以选用超前液压支架对充填工作面进行支护。超前液压支架示意图如图 4-11 和图 4-12 所示。

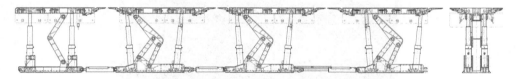

图 4-11　超前液压支架平面图

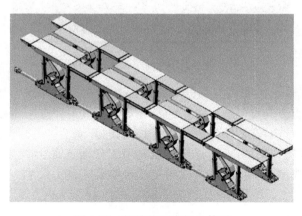

图 4-12　超前液压支架立体图

3. 多孔底卸式输送机

多孔底卸式输送机下部布置有均匀的卸料孔,用于将充填材料卸漏在下方的采空区内。为了控制卸料孔的卸料量,在卸料孔下方安置有液压插板,在液压油缸的控制下,可以实现对卸料孔的自动开启与关闭,如图 4-13 和图 4-14 所示。

图 4-13　多孔底卸式输送机

图 4-14　多孔底卸式输送机卸料口

多孔底卸式输送机的机身部分是用链环悬挂在充填采煤液压支架的后顶梁上,在水平和垂直方向可以适应一定的角度变化。机头和机尾部分重量较大,且一般位于工作面平巷内,在实际生产中,使用特制的升降平台进行支撑。

多孔底卸式输送机的设计,结合满足充填工作面正常生产时对充填材料运输量的能力要求,典型的多孔底卸式输送机技术参数见表 4-1。

4. 夯实机构

为了保证充填效果,需要对多卸入到采空区的充填材料进行压实,完成此步骤

表 4-1　SGB630/150 多孔底卸式输送机技术参数

名称	参数	名称	参数
设计长度	50m	减速器速比	24.44
出厂长度	50m	刮板链形式	边双链
输送量	250t/h	圆环链规格	∅18×64-C
刮板链速	0.868m/s	链间距	500mm
电动机型号	DSB-75B	槽规格	1500mm×630mm×220mm
额定功率	2×75kW	卸载方式	底卸
额定转速	1480r/min	紧链形式	闸盘紧链
额定电压	660V/1140V		

的结构称为夯实机构。现场实践表明,充填材料经过压实结构反复夯实后,具有一定的致密度和抗变形能力,有效地控制了顶板的下沉量,阻止了顶板的下沉断裂,从而达到控制地表沉陷的目的。因此,夯实机构是充填开采液压支架的一个关键机构,一定程度上影响着充填的效果。

夯实机构在设计上必须达到两个要求:①夯实机构必须具备足够的推压强度,使充填材料达到试验测定的密实度标准;②需具备足够的行程和旋转角,保证压实范围达到工艺设计要求。

夯实机构由两个水平压实油缸、两个调高油缸和两个立柱组成,如图 4-15 所示。两个水平夯实油缸位于夯实机构的上部,其后座用铰链方式安装在两个立柱上端,该立柱用螺栓固定在液压支架底座上。水平夯实油缸缸体外径中前部通过两个可以活动的连接环连起,连接环中部由一个调高油缸支撑。两水平夯实油缸伸出端装有一块夯实板,板面与缸体垂直。两立柱间用槽钢连接,形成一整体。斜支撑分别与立柱上部及液压支架底板连接。以上部件相互连接,形成一个整体机构。

夯实机构的结构特征及功能如下:

(1) 水平压实油缸:两水平夯实油缸在调高油缸的高低调节下,以后座铰链轴为中心旋转,旋转角度一般在±(20°~25°)。水平夯实油缸固定缸体,行程一般为 0.8~1.2m,加上夯实板的宽度及油缸连接部分,总长度为 2.5~3.5m。两水平夯实油缸通过伸缩带动前部的压实板对活动范围内的采空区充填材料进行推压夯实,其推压夯实力可达 900kN 以上,保证充填材料充填密实度。

(2) 调高油缸:调高油缸起到两个作用,一是对上部两水平油缸起到支撑作用,同时水平夯实油缸在推压过程中对水平夯实油缸起到定位作用。二是对水平油缸的活动范围进行调节,并保证两个水平夯实油缸在压实过程中处于同一水平面。

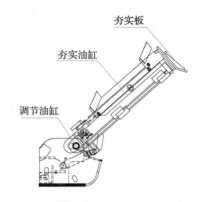

(a) 夯实机构井下实拍　　　　　　　(b) 夯实机构新结构示意图

图 4-15　夯实机构结构图

（3）夯实板：夯实板长度一般为 1400~1600mm、宽度 300~350mm，在水平夯实油缸的推力下夯实板单位面积的压强可达到 2.0MPa 以上。

（4）立柱：后部两立柱与液压支架底座连成整体，还要承受推压时的反作用力，防止夯实机构受反作用力而变形、破坏。

5. 自移式转载输送机

经过多部带式输送机转载后，充填材料到达工作面，为了实现充填材料由带式输送机转载到支架后部吊挂的多孔底卸式输送机上，设计了自移式转载输送机，转载系统如图 4-16 所示。

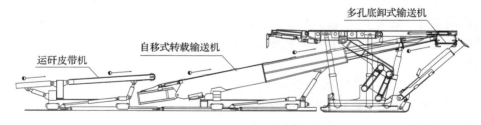

图 4-16　转载系统示意图

自移式转载输送机由两部分组成，一部分是具有升降、伸缩功能的转载胶带机，另一部分是能够实现液压缸迈步自移功能的底架总成。转载胶带机铰接在底架总成上。可调自移机尾装置也有两部分组成，一部分是可调架体，另一部分也是能够实现液压缸迈步自移功能的底架总成。自移式转载输送机和可调自移机尾装置共用一套液压系统，操纵台固定在自移式转载输送机上，如图 4-17 所示。

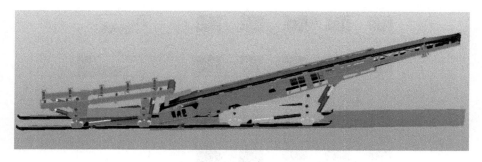

图 4-17　自移式充填材料转载输送机

4.2.3　综合机械化固体充填回收房式煤柱工艺流程

综合机械化固体充填回收房式煤柱工艺流程包括煤房加固工艺、采煤工艺和充填工艺，首先进行受开采影响的煤房加固，然后开采煤柱，最后进行充填。

1. 煤房加固工艺

煤房回收将影响煤房顶板的安全性，需要对采动影响区域的煤房进行加固，通常采用单体支柱和超前液压支架的方式支护，具体的加固工艺与 4.2.2 节的超前支护方式相同。

2. 采煤工艺

1）工作面落煤方式

工作面采用综合机械化采煤工艺。破煤设备采用截深为 0.6m 或 0.8m 的双滚筒采煤机，开口从煤房进入。

2）采煤机工作方式和进刀方式

（1）采煤机的工作方式。采用采煤机双向割煤，追机作业；前滚筒割顶煤，后滚筒割底煤；采煤机过后先移架后推移刮板输送机。移架滞后采煤机后滚筒三架，推移刮板输送机滞后采煤机后滚筒 15m 左右。

（2）进刀方式。采用工作面端部直接截煤柱平行进刀，如图 4-18 所示。

进刀过程如下：①当采煤机割至工作面端头时，其后的输送机已移近煤柱，采煤机机身处留两个端头煤柱，如图 4-18（a）所示；②调换滚筒位置，前滚筒降下、后滚筒升起、并沿输送机弯曲段反向割入煤柱，直至输送机直线段为止。然后将输送机移直，如图 4-18（b）所示；③再调换两个滚筒上、下位置，重新返回割端头的煤柱，如图 4-18（c）所示；④将端头煤柱割掉，煤柱割直后，再次调换上、下滚筒，返程正常割煤，如图 4-18（d）所示。

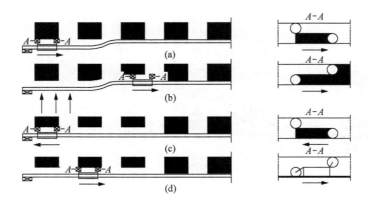

图 4-18　工作面端部直接割煤柱平行进刀

3. 充填工艺

充填工艺按照采煤机的运行方向相应分为两个流程，一是从多孔底卸式输送机机尾到机头，二是从多孔底卸式输送机机头到机尾。

（1）当采煤机从多孔底卸式输送机机尾向机头割煤时，其充填工艺的流程为：在工作面刮板运输机移直后，将多孔底卸式输送机移至支架后顶梁后部，进行充填。充填顺序由多孔底卸式输送机机尾向机头方向进行，当前一个卸料孔卸料到一定高度后，即开启下一个卸料孔，随即启动前一个卸料孔所在支架后部的夯实机构推动夯实板，对已卸下的充填材料进行夯实，如此反复几个循环，直到夯实为止，一般需要 2~3 个循环。当整个工作面全部充满，停止第一轮充填，将多孔底卸式输送机拉移一个步距，移至支架后顶梁前部，用夯实机构把多孔底卸式输送机下面的充填料全部推到支架后上部，使其接顶并压实，最后关闭所有卸料孔，对多孔底卸式输送机的机头进行充填。第一轮充填完成后将多孔底卸式输送机推移一个步距至支架后顶梁后部，开始第二轮充填，其工艺流程图如图 4-19 所示。

（2）当采煤机从多孔底卸式输送机机头向机尾割煤时，其充填工艺流程为：工作面充填顺序整体由机头向机尾、分段局部由机尾向机头的充填方向。在采煤机割完煤的工作面进行移架推溜，然后开始充填。首先在机头打开两个卸料孔，然后从机头到机尾方向把所有的卸料孔进行分组，每 4 个卸料孔为一组。随后把第一组机尾方向的第一个卸料孔打开，当第一个卸料孔卸料到一定高度后，即开启第二个卸料孔，随即启动第一个卸料孔所在支架后部的夯实机构，对已卸下的充填材料进行夯实，直到夯实为止。此时关闭第一个卸料孔，打开第三个卸料孔，如此反复，直到第一组第四个卸料孔夯实时即打开第二组的第一个卸料孔进行卸料。按照此方法把所有组的卸料孔打开充填完毕后再把机头侧的两个卸料孔充填完毕，从而实现整个工作面的充填，其工艺流程如图 4-20 所示。

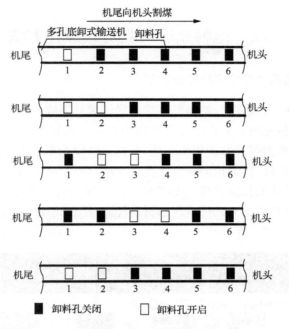

图 4-19　由机尾向机头割煤充填工艺

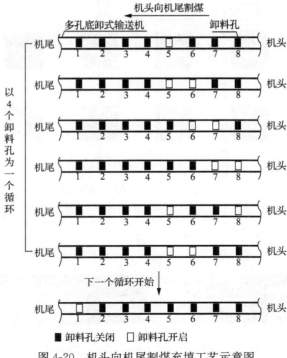

图 4-20　机头向机尾割煤充填工艺示意图

4.3　抛料充填回收房式煤柱方法

4.3.1　抛料充填回收房式煤柱系统布置

　　抛料充填回收房式煤柱,就是把房式开采区域分隔成一定间距的回采区域,采用抛料充填将材料充填入采空区管理顶板的方法。具体技术方案为:工作面采用炮采或连续采煤机割煤等方式回收煤柱,采用无轨胶轮车或带式输送机运煤、超前液压支架支护超前段,抛料机向采空区抛投充填材料,并辅以特制推土机夯实充填体,利用致密充填体取代房式煤柱支撑采空区管理顶板。该方法一般可回收工作面内煤柱,采空区顶板由充入采空区的材料控制,抛料充填回收房式煤柱工作面的布置平、剖面如图 4-21 所示。

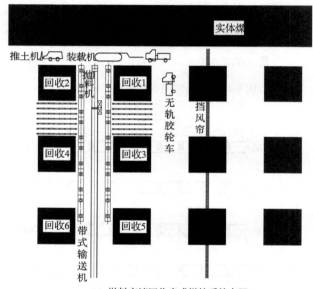

(a) 抛料充填回收房式煤柱系统布置

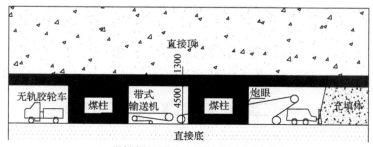

(b) 抛料充填回收房式煤柱系统布置剖面图 I

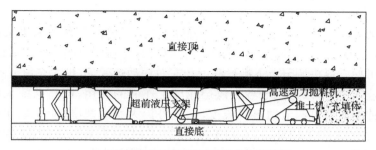

(c) 抛料充填回收房式煤柱系统布置剖面图 Ⅱ

图 4-21　抛料充填回收房式煤柱系统布置

4.3.2　抛料充填回收房式煤柱关键设备

抛料充填回收房式煤柱关键设备主要包括高速动力抛料机和超前液压支架。

1. 高速动力抛料机

1）高速动力抛料机优点

高速动力抛料机是专门为炮采或普采工作面而设计的一种充填设备，它利用一部小型带式输送机将物料加速后，以一定的角度和初速度向采空区抛出，实现普采和炮采工作面的机械化充填和煤炭资源的高效安全回收，其优点主要体现在传送速度快、机身移动灵活、能够实现连续运输及在充填过程中可对物料进行连续施压，以下对高速动力抛料机的优点进行详述。

（1）传送速度快。高速动力抛料机采用带式输送机进行物料输送，能够实现物料的快速传送，同时，带式输送机可自由伸缩，有利于扩大充填范围，提高充填效率；传送速度快可保证工作面所需充填物料的及时供给。

（2）机身移动灵活。高速动力抛料机具有机身移动灵活的特点，可在工作面自由移动，增加了充填的灵活性和可靠性，扩大了抛料机的充填范围，同时，机身的灵活移动可保证充填工作面的推进速度，实现矿井的采充协调配套。

（3）实现物料连续运输。高速动力抛料机具有连续运输的功能，这有利于保证充填物料在工作面充填的均匀性和致密性，同时，抛料机的连续运输功能可保证充填物料在工作面的高效运输，有利于提高工作面的充填效率，维持顶板的稳定性，从而更有利于发挥充填采煤的优势。

（4）对充填物料连续施压。高速动力抛料机的抛料是一个连续施压的过程，连续不断的施压保证了充填物料的密实度，使得充填体整体结构更加均匀，提高了充填体的抗变形性能，从而更有利于控制工作面覆岩的稳定性，提高充填效果。

2）抛料机结构

高速动力抛料机由行走机构、旋转升降机构、固定机身和伸缩机架四部分构成，其中行走机构用于支撑抛料机并负责抛料机在充填作业期间的不断移动，旋转升降机构可使抛料机调节上下抛投高度和左右摆动角度，可扩大充填范围，更有利于充填作业的进行，以适用于各种煤层厚度工作面的使用，调高系统采用油缸调高；另外，伸缩机架可调节抛料机长度，同样可扩大充填范围，使充填作业更加灵活，增加了抛料机的适应能力，有利于抛料机在各类地质条件的应用。抛料机的结构如图 4-22 所示，该充填设备成本低、操作简单、适应性强、经久耐用。

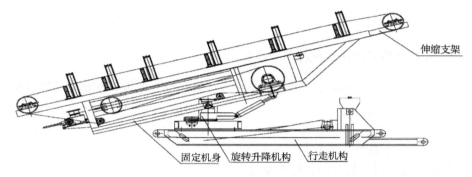

图 4-22　高速动力抛料机结构

其中抛料机的主要抛投充填物料部分为一部小型伸缩式带式输送机，从结构上分成三部分，承载段、中间架和伸缩卸载段，其结构如图 4-23 所示。

图 4-23　伸缩式带式输送机结构

伸缩式带式输送机选用电动滚筒驱动，驱动滚筒布置在胶带的承载端头，为方便调整受料点高度，将承载段与整条胶带铰接，通过液压缸能够自动调整角度。伸缩卸载段能够在中间架中的轨道中自动伸缩。中间架前后端都设计有铰接耳座，后端铰接耳座通过销轴与底架铰接，前端耳座通过升降液压缸与底架铰接，实现胶带的升降动作。

根据设计要求，胶带卸料端要求达到的最大高度为不低于 5.3m，同时满足 2m 的伸缩和储带要求等。

为提高充填效率，减少抛料机整机移动次数，在充填工作面向前推移时，高速动力抛料机采用自身的伸缩机构来保证与工作面的同步推进。为实现卸载端的自由伸缩,在卸载滚筒伸、缩的同时,张紧滚筒同步缩、伸动作,保证胶带时刻处于张紧状态。具体措施是采用两个液压油缸串联,确保两活塞腔有效面积相等的条件下,实现两油缸同步动作。胶带伸缩结构如图 4-24 所示。

图 4-24 胶带伸缩结构

2. 超前液压支架

详见 4.2.2 节。

4.3.3 抛料充填回收房式煤柱工艺流程

机械化抛料充填面采用带式输送机运输充填材料,主要由高速动力抛料机、特制推土机完成充填工艺,达到采空区由密实充填体控制顶板的目的。

工作面采空顶距达到 7m 左右时,由下向上开始充填。充填原理:充填材料由带式输送机运至工作面,然后转运至高速动力抛料机,高速动力抛料机将充填材料抛投至采空区,当采空区的充填材料堆至一定高度后,用特制推土机对充填材料堆进行推压,一方面使充填材料达到一定的致密度形成充填体,另一方面,使充填材料接顶,达到控顶的效果。

具体的充填工艺流程如下。

(1)工作面采用炮采、普采或者连续采煤机等采煤方法回收煤柱后,依次打开地面运料带式输送机、工作面运料带式输送机、高速动力抛料机进行充填材料运输,运输至工作面的充填材料由高速动力抛料机抛投至工作面采空区。

(2)当充填材料堆积至一定高度后,旋转高速动力抛料机,向采空区的另一侧抛投物料;同时启动特制推土机,对松散充填材料堆向采空区方向进行推压,使其接顶,同时对充填材料进行夯实以达到一定致密度,以满足设计的致密性要求,使其具有承载采空区顶板的性能。

(3)当此侧充填材料夯实致密并接顶后,旋转高速动力抛料机,再次向此侧抛投充填材料,推土机移至另一侧进行同样要求的夯实接顶工艺。

(4)在高速动力抛料机与特制推土机的配合下,如此反复地进行抛投充填材料及夯实接顶工艺,当采空区两侧均被密实充填材料充填体充满后,依次停止地面运料带式输送机、工作面运料带式输送机及高速动力抛料机,即完成一个步距内充填材料的充填工作。

具体的充填工艺流程如图 4-25 所示。图 4-25（a）表示开始抛料充填状态；图 4-25（b）表示抛料至一定高度状态；图 4-25（c）表示特制推土机夯实状态；图 4-25（d）表示抛料机后移继续抛料状态。

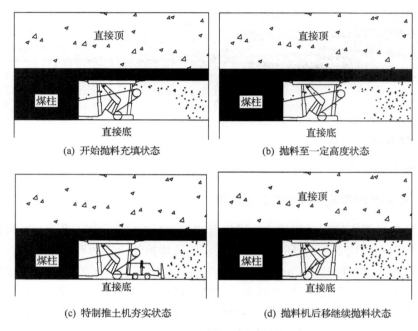

(a) 开始抛料充填状态　　　　　　　(b) 抛料至一定高度状态

(c) 特制推土机夯实状态　　　　　　(d) 抛料机后移继续抛料状态

图 4-25　充填工艺流程图

4.3.4　人工矿柱-抛料充填回收房式煤柱方法

人工矿柱-抛料充填回收房式煤柱方法是通过在原煤房位置打木垛并注入水泥浆液，待木垛稳定后回收房式煤柱并完成充填的采煤方法，具体包括木垛临时支护、煤柱回收、充填三个过程。

1. 木垛临时支护

当房式开采中煤房开采后，如图 4-26 所示，采空区内遗留大量煤柱支撑顶板控制上覆岩层移动，为了回收煤柱和充填作业的进行，如图 4-27 所示，在原来煤房的位置用单体配合"Ⅱ"形钢梁临时支护，临时支护的空间内打 1-10 号木垛，木垛周围采用旧胶带进行封闭，然后用灌浆机灌注混凝土浆液。木垛的长宽高尺寸为 1m×1m×4.5m，待混凝土木垛稳定后，回撤单体支柱。

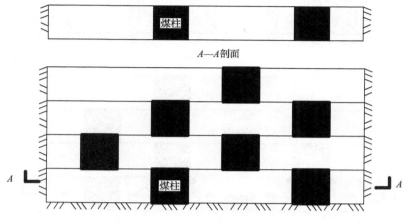

图 4-26　房式开采后煤柱赋存情况

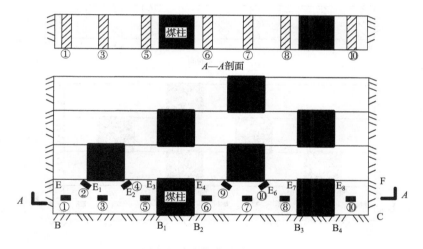

图 4-27　木垛临时支护方案

2. 煤柱回收

当原来煤房位置采用混凝土木垛支护后,如图 4-28(a)所示,从煤壁 E3E4 向煤壁 B1B2 方向回收第一个煤柱,待第一煤柱回收后,采用单体配合"Ⅱ"形钢梁临时支护,在原位置打 21 号混凝土木垛,同样方法回收 BCEF 区域内的其他煤柱,BCEF 区域回收完全部煤柱后的最终状态如图 4-28(b)所示。

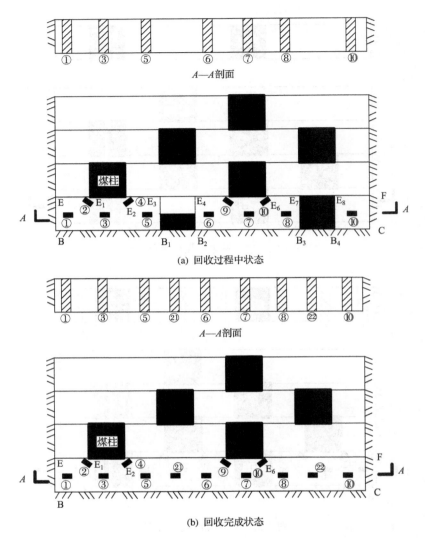

图 4-28　回收房式煤柱

3. 充填

当 EBCF 区域内煤柱全部回收后,采用含水率为 14%～20%沙子作为充填材料充填 EBCF 区域,为下一个循环回收 GEFG9 内的煤柱顶板和地表控制提供保障,EBCF 区域充填后的最终状态如图 4-29 所示,最终依次回收其余煤柱。

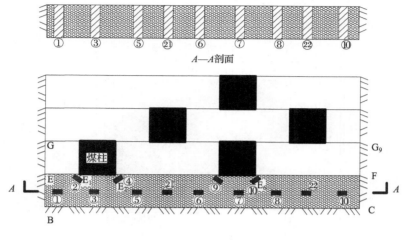

图 4-29　抛料充填

4.4　房式区域长壁机械化掘巷充填开采方法

4.4.1　长壁机械化掘巷充填开采基本原理

当矿井同时存在房式开采遗留煤柱区域和实体煤柱区域时,特别在两类区域临近时,为了减小房式煤柱回收和实体煤开采带来的应力叠加及相互影响,提出采用长壁机械化掘巷充填开采方法。充填开采巷长度一般为 150～300m、宽度为 5～10m,留设煤柱宽度一般为 2.0～5.0m。掘巷充填开采设备包括采煤设备与充填设备:采煤设备主要有连续采煤机、装载机及无轨胶轮车等;充填设备主要有抛料机、带式输送机等。其基本原理如图 4-30 所示。

掘进与充填具体流程为:从工作面运输巷向运料巷进行掘进采煤,形成巷道①,预留一定距离煤柱,然后掘进巷道②,同时对巷道①进行充填,直到这一阶段掘进与充填完毕。再进行下一阶段的掘巷与充填,只到回采完整个煤层。

4.4.2　掘巷充填开采预留煤柱宽度选取方法

1. 采场围岩力学分析

充填体充入采空区后,由于地应力、充填体和围岩之间相互作用,开挖系统的自组织使围岩变形得到有效控制,围岩能量耗散速度得到有效减缓,矿山结构与围岩破坏发展得到控制。

当采用充填回收实体煤后,充填体便成为支撑上覆岩层和维持稳定的直接主

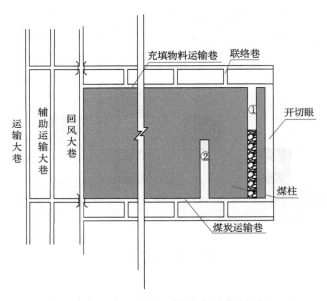

图 4-30　长壁机械化掘巷充填开采基本原理图
①掘巷过程；②充填工程

体，充填体的压缩过程即上覆岩层移动变形的过程。上覆岩层和充填体是一种协调作用系统，随着上覆岩层的下沉，压力被转移到充填体上，充填体逐渐被压实，其支撑作用也发挥得越来越充分，顶板与充填体直接形成了受力与变形的耦合体系，为了分析的需要，可近似将工作面采空区充填体视为弹性体。

根据弹性体的力学原理，可得到作用在充填体上的应力与应变关系：

$$\sigma = E_{b}\varepsilon = E_{b}\frac{\Delta h}{h_{b}} \tag{4-1}$$

式中：h_{b} 为充填体的高度；E_{b} 为充填体的弹性模量；Δh 为充填体的压缩量。

Winkler 假设：地基表面任意一点的位移与该点单位面积上所受的压力成正比，即

$$p(x) = kw(x) \tag{4-2}$$

式中：$p(x)$ 为地基所受压力；$w(x)$ 为地基的下沉量；k 为地基系数。

由 Winkler 假设可知，作用在充填体上应力的表达式：

$$\sigma = k_{b}\Delta h \tag{4-3}$$

式中：k_{b} 为充填体地基系数。

联立式(4-1)与式(4-3)解得充填体地基系数 k_{b} 为

$$k_{\mathrm{b}} = \frac{E_{\mathrm{b}}}{h_{\mathrm{b}}} \tag{4-4}$$

充填回收实体煤采场充填体简化模型,如图 4-31 所示。

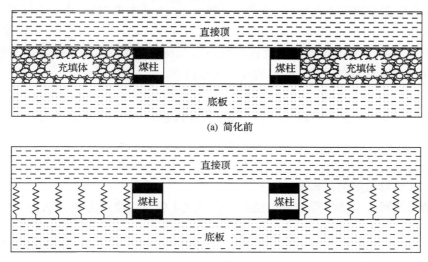

(a) 简化前

(b) 简化后

图 4-31　充填回收实体煤采场简化模型

1) 力学模型建立

在充填回收实体煤过程中,每个煤柱可视为相同的受压弹性直杆,其弹性模量为 E_{p},高度为 h_{p}。记等效弹性地基系数为 k_{p},由 Winkler 弹性地基理论,则有 $k_{\mathrm{D}} = E_{\mathrm{D}}/h$。

图 4-31 所示的充填回收实体煤采场简化模型受力与结构均为对称结构,则可取其一半进行力学模型的建立,即顶板可视为上部承受上覆岩层载荷、下部受煤柱与充填体共同支承作用的半无限弹性地基梁,如图 4-32 所示。在充填回收实体煤

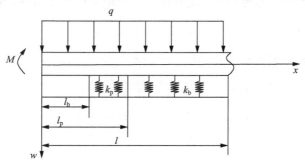

图 4-32　充填体-煤柱-顶板系统的简化力学模型

采场中,顶板承受的上覆岩层重量等效为均布载荷 q;前半部分 l_b 为半个工作面长度;中间部分 l_p-l_b 煤柱简化为 Winkler 弹性基础,其支撑力为 $k_D w$;后半部分 l-l_D 充填体视为弹性体,其支撑力为 $k_b w$。

O 点建在充填工作面中间,以位移函数 $w(x)$ 为基本未知量,建立坐标系。

图中:l_b 为半个工作面的推进长度,l_p-l_b 为预留煤柱宽度,l-l_p 为回收煤柱充填工作面长度,q 为顶板承受上覆岩层的均布载荷,k_p 为煤柱等效弹性地基系数,k_b 为充填体弹性地基系数,$w(x)$ 为顶板的挠度。

2) 顶板弯曲变形求解

利用 Winkler 假设,挠度 $w(x)$ 与载荷 q、地基压力 $p(x)$ 的关系为

$$\text{El} \frac{d^4 w(x)}{dx^4} = q - p(x) \tag{4-5}$$

式中:El 为梁截面的抗弯刚度。

则充填回收实体煤采场中煤柱与充填体之上的顶板挠度方程分别为

$$\text{El} \frac{d^4 w(x)}{dx^4} = q - k_p w(x) \tag{4-6}$$

$$\text{El} \frac{d^4 w(x)}{dx^4} = q - k_b w(x) \tag{4-7}$$

式中:k_p 为煤柱地基系数;k_b 为充填体地基系数。

取特征系数 $\alpha = \sqrt[4]{\dfrac{k_p}{4\text{El}}}$、$\beta = \sqrt[4]{\dfrac{k_b}{4\text{El}}}$,则式(4-6)和式(4-7)分别变为

$$\frac{d^4 w(x)}{dx^4} + 4\alpha^4 w(x) = \frac{q}{\text{El}} \tag{4-8}$$

$$\frac{d^4 w(x)}{dx^4} + 4\beta^4 w(x) = \frac{q}{\text{El}} \tag{4-9}$$

求解方程(4-8)和方程(4-9),注意到半无穷地基梁边界条件,可得其通解为

$$w(x) = \begin{cases} d_5 x^3 + d_6 x^2 + d_7 x + d_8, (0 \leqslant x \leqslant l_b) \\ \dfrac{q}{k_p} + d_1 e^{\alpha x} \cos(\alpha x) + d_2 e^{\alpha x} \sin(\alpha x) + d_3 e^{-\alpha x} \cos(\alpha x) + d_4 e^{-\alpha x} \sin(\alpha x), \\ \quad (l_b \leqslant l \leqslant l_p) \\ \dfrac{q}{k_b} + d_9 e^{-\beta x} \cos(\beta x) + d_{10} e^{-\beta x} \sin(\beta x), \quad (l_p \leqslant x < l) \end{cases}$$

$$\tag{4-10}$$

则梁任意一截面的转角 θ、弯矩 M、剪力 Q 与挠度 $w(x)$ 的关系为

$$\theta(x) = \frac{dw(x)}{dx}, \quad M(x) = -\text{EI}\frac{d^2w(x)}{dx^2}, \quad Q(x) = -\text{EI}\frac{d^3w(x)}{dx^3} \quad (4\text{-}11)$$

在原点处的边界条件：

$$\begin{cases} Q(x)_{x=0} = 0 \\ \theta(x)_{x=0} = 0 \end{cases} \quad (4\text{-}12)$$

连续性条件：在原点处挠度、弯矩、转角及剪力相等。

常数 $d_1, d_2, d_3, \cdots, d_{10}$ 为待求参数，代入边界条件及连续性条件即可求得顶板弯曲下沉方程 $w(x)$。

3）煤柱受力计算

由式（4-10）可知，煤柱上方顶板下沉方程为

$$w(x) = \frac{q}{k_p} + d_1 e^{\alpha x}\cos(\alpha x) + d_2 e^{\alpha x}\sin(\alpha x) + d_3 e^{-\alpha x}\cos(\alpha x) + d_4 e^{-\alpha x}\sin(\alpha x)$$

$$(4\text{-}13)$$

由于将煤柱视为连续分布的 Winkler 弹性地基，则由式（4-2）可知，受采动影响煤柱整体受力满足以下关系：

$$Q = k_p w(x) \quad (4\text{-}14)$$

将式（4-13）代入式（4-14），得到煤柱整体受力为

$$Q = q + k_p[d_1 e^{\alpha x}\cos(\alpha x) + d_2 e^{\alpha x}\sin(\alpha x) + d_3 e^{-\alpha x}\cos(\alpha x) + d_4 e^{-\alpha x}\sin(\alpha x)]$$

$$(4\text{-}15)$$

受采动影响煤柱整体受力如图 4-33 所示，其中 $q(x)$ 为顶板上方假设载荷形式。

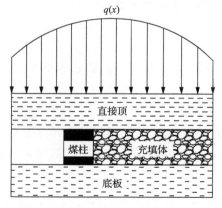

图 4-33　受采动影响煤柱整体受力示意图

4）单个煤柱受力变化分析

单个煤柱同时承受煤柱及煤房上方的应力，单个煤柱结构受力状态如图 4-34 所示。

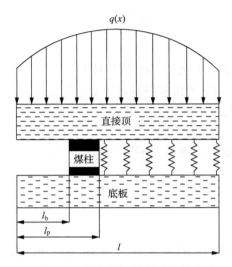

图 4-34　单个煤柱结构受力状态

假设单个煤柱承载的区域坐标范围为$[x_1, x_2]$，区域范围包括煤柱的长度及煤房的宽度，则单个煤柱受力为对该区域范围的应力进行积分：

$$p = \int_{x_1}^{x_2} Q dx \tag{4-16}$$

将式（4-16）代入（4-15），得

$$p = \int_{x_1}^{x_2} \{q + k_p[d_1 e^{\alpha x}\cos(\alpha x) + d_2 e^{\alpha x}\sin(\alpha x) + d_3 e^{-\alpha x}\cos(\alpha x) + d_4 e^{-\alpha x}\sin(\alpha x)]\} dx \tag{4-17}$$

利用 MAPLE 数学计算软件进行积分，得到单个煤柱受力为

$$\begin{aligned}
p = {} & q(x_2 - x_1) + \frac{k_p}{2\alpha}\big[(-e^{\alpha x_1}d_1 + e^{\alpha x_1}d_2 + e^{-\alpha x_1}d_3 + e^{-\alpha x_1}d_4)\cos(\alpha x_1) \\
& + (-e^{\alpha x_1}d_1 - e^{\alpha x_1}d_2 - e^{-\alpha x_1}d_3 + e^{-\alpha x_1}d_4)\sin(\alpha x_1) + (e^{\alpha x_1}d_1 - e^{\alpha x_1}d_2 - e^{-\alpha x_1}d_3 \\
& - e^{-\alpha x_1}d_4)\cos(\alpha x_2) - (e^{\alpha x_1}d_1 + e^{\alpha x_1}d_2 + e^{-\alpha x_1}d_3 - e^{-\alpha x_1}d_4)\sin(\alpha x_2)\big]
\end{aligned} \tag{4-18}$$

将该矿实体煤充填炮采工作面具体工程参数代入式（4-18），可求得不同宽度预留煤柱的受力值。

2. 合理的煤柱宽度与充填地基系数选取

根据式(4-18)得到不同宽度与弹性地基系数下煤柱内部应力峰值,采用极限强度理论对其稳定性进行判别,既可得到煤柱的合理弹性地基系数与合理的预留煤柱宽度。

第 5 章　固体充填回收房式煤柱围岩变形理论分析

5.1　充填回收房式煤柱围岩特征

利用房式采煤法对煤层进行开掘后,破坏了煤层中的原始应力状态,原来由煤房承担的上覆岩层的载荷,将向煤房两侧的煤柱上转移,应力在采动影响范围内重新分布,煤柱将承担煤柱和煤房上部的全部或部分岩层的重量,房式采场岩层结构特征如图 5-1 所示。

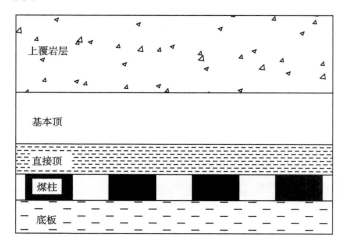

图 5-1　房式开采采场岩层结构特征

传统开采方法在煤柱回收过程中,直接顶呈悬顶式周期性垮落。基本顶初次垮落步距大,且受煤柱回收顺序的影响,煤柱易发生突然失稳。如果某个煤柱尺寸过小,一旦被压垮将造成采场实际跨度过大而导致冒顶,与此同时,覆岩压力转移到相邻煤柱上,引起煤柱承载压力超过其极限载荷而引起失稳破坏,进而产生连锁反应,严重威胁煤柱的安全回收,传统回收房式煤柱采场岩层移动特征如图 5-2 所示。

在固体充填回收房式开采中,采空区充填体作为主要支撑体参与了上覆岩层移动控制过程,有效地改变了前方煤柱、围岩的受力状态,将其所受的采动影响压力由四周煤岩体承载改为充填体和四周煤岩体共同承载,可有效地分散采动影响

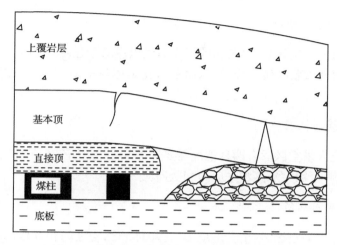

图 5-2　传统回收房式煤柱采场岩层移动特征

压力,有效地减少前方煤柱的影响范围,固体充填回收房式煤柱采场岩层移动特征
如图 5-3 所示。

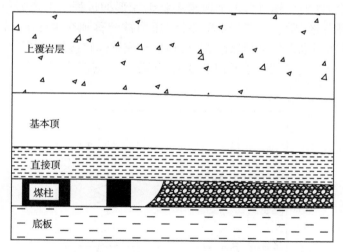

图 5-3　固体充填回收房式煤柱采场岩层移动特征

5.2　充填体与煤柱耦合控顶力学分析

5.2.1　充填体与煤柱模型简化

目前,国内外对于充填体与采场的相互作用主要存在以下三种机理。

1. 应力转移和吸收

充填体充入采空区后,由最初的不受力到以后随着强度的提高逐渐承受荷载,这样充填体就能吸收和转移应力,从而参与充填体与采动围岩的自组织系统和承载受力。

2. 应力隔离机理

充填体充入采空区后有两种情况需要考虑采用"应力隔离原理"来隔离地应力对回采的影响,分别为隔离水平应力和竖向应力。

3. 系统共同作用

充填体充入采空区后,由于地应力、充填体和围岩之间相互作用,开挖系统的自组织使围岩变形得到有效控制,围岩能量耗散速度得到有效减缓,矿山结构与围岩破坏发展得到控制[168-179]。

当采用固体充填回收房式煤柱后,充填体便成为支撑上覆岩层和维持稳定的直接主体,充填体的压缩过程即上覆岩层移动变形的过程。上覆岩层和充填体是一种协调作用系统,随着上覆岩层的下沉,压力被转移到充填体上,充填体逐渐被压实,其支撑作用也发挥得越来越充分,顶板与充填体直接形成了受力与变形的耦合体系,为了分析的需要,可近似将工作面采空区充填体视为弹性体,如图 5-4 所示。

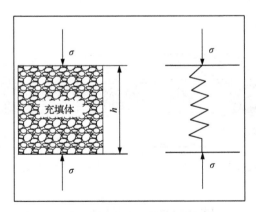

图 5-4　充填体等效力学模型

根据弹性体的力学原理,可得到作用在充填体上的应力与应变关系:

$$\sigma = E_b \varepsilon = E_b \frac{\Delta h}{h_b} \tag{5-1}$$

式中：h_b 为充填体的高度；E_b 为充填体的弹性模量；Δh 为充填体的压缩量。

Winkler 假设：地基表面任意一点的位移与该点单位面积上所受的压力成正比，即

$$p(x) = kw(x) \tag{5-2}$$

式中：$p(x)$ 为地基所受压力；$w(x)$ 为地基的下沉量；k 为地基系数。

由 Winkler 假设可知，作用在充填体上应力的表达式：

$$\sigma = k_b \Delta h \tag{5-3}$$

式中：k_b 为充填体地基系数。

联立式(5-1)与(5-3)解得充填体地基系数 k_b 为

$$k_b = \frac{E_b}{h_b} \tag{5-4}$$

固体充填回收房式煤柱采场充填体简化模型，如图 5-5 所示。

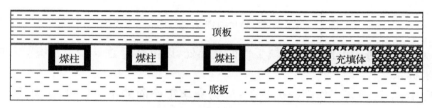

(a) 简化前模型

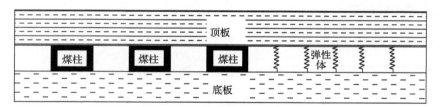

(b) 简化后模型

图 5-5　固体充填回收房式煤柱采场充填体简化模型

5.2.2　顶板变形力学模型建立与求解

1. 模型的建立

在房式开采中，每个煤柱可视为相同的受压弹性直杆，其弹性模量为 E_p，高度为 h_p。由于采场推进长度远大于煤柱的尺寸，同时假设煤柱是等距分布的，则可将这些等距分布的弹性直杆近似地等效成连续分布的 Winkler 弹性地基，记等效

弹性地基系数为 k_p，则有 $k_p = E_p/h$。

在固体充填回收房式煤柱采场中，顶板承受的上覆岩层重量等效为均布载荷 q；前部房式煤柱简化 Winkler 弹性基础，其支撑力为 $k_p w$；后部充填体视为是弹性体，其支撑力为 $k_b w$，则顶板可视为上部承受上覆岩层载荷、下部受煤柱与充填体共同支承作用的两端固支梁，即将充填体-煤柱-顶板系统简化为弹性地基梁模型，如图 5-6 所示。

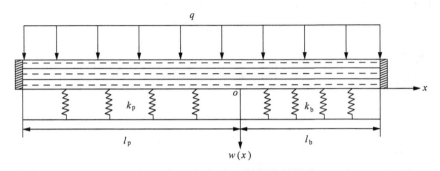

图 5-6　充填体-煤柱-顶板系统的简化力学模型

o 点建在房式工作面与充填工作面交界处，以位移函数 $w(x)$ 为基本未知量，建立坐标系。

图中：l_p 为房式工作面推进长度；l_b 为充填工作面的推进长度；q 为顶板承受上覆岩层的均布载荷；k_p 为煤柱等效弹性地基系数；k_b 为充填体弹性地基系数；$w(x)$ 为顶板的挠度。

2. 顶板弯曲变形求解

利用 Winkler 假设，挠度 $w(x)$ 与载荷 q、地基压力 $p(x)$ 的关系为

$$\text{El} = \frac{d^4 w(x)}{dx^4} = q - p(x) \tag{5-5}$$

式中：El 为梁截面的抗弯刚度。

则固体充填回收房式煤柱采场中煤柱与充填体之上的顶板挠度方程分别为

$$\text{El}\frac{d^4 w(x)}{dx^4} = q - k_p w(x) \tag{5-6}$$

$$\text{El}\frac{d^4 w(x)}{dx^4} = q - k_b w(x) \tag{5-7}$$

取特征系数 $\alpha = \sqrt[4]{\dfrac{k_p}{4\text{El}}}$，$\beta = \sqrt[4]{\dfrac{k_b}{4\text{El}}}$，则式(5-6)和式(5-7)分别变为

$$\frac{d^4 w(x)}{dx^4} + 4\alpha^4 w(x) = \frac{q}{El} \tag{5-8}$$

$$\frac{d^4 w(x)}{dx^4} + 4\beta^4 w(x) = \frac{q}{El} \tag{5-9}$$

求解方程(5-8)和方程(5-9),可得其通解为

$$w(x) = \begin{cases} \frac{q}{k_{\mathrm{p}}} + d_1 \mathrm{e}^{\alpha x}\cos(\alpha x) + d_2 \mathrm{e}^{\alpha x}\sin(\alpha x) + d_3 \mathrm{e}^{-\alpha x}\cos(\alpha x) + d_4 \mathrm{e}^{-\alpha x}\sin(\alpha x), \\ \quad (-\infty \leqslant x < 0) \\ \frac{q}{k_{\mathrm{b}}} + d_5 \mathrm{e}^{\beta x}\cos(\beta x) + d_6 \mathrm{e}^{\beta x}\sin(\beta x) + d_7 \mathrm{e}^{-\beta x}\cos(\beta x) + d_8 \mathrm{e}^{\beta x}\sin(\beta x), \\ \quad (0 \leqslant x < \infty) \end{cases}$$

$$\tag{5-10}$$

则梁任意一截面的转角 θ、弯矩 M、剪力 Q 与挠度 $w(x)$ 的关系为

$$\theta(x) = \frac{dw(x)}{dx}, \quad M(x) = -El\frac{d^2 w(x)}{dx^2}, \quad Q(x) = -El\frac{d^3 w(x)}{dx^3} \tag{5-11}$$

固支端边界条件:

$$\begin{cases} w(x)_{x=-l_{\mathrm{p}}} = 0 \\ \theta(x)_{x=-l_{\mathrm{p}}} = 0 \end{cases} \tag{5-12}$$

连续性条件:在原点处挠度、弯矩、转角及剪力相等。

常数 $d_1, d_2, d_3, \cdots, d_8$ 为待求参数,代入边界条件及连续性条件即可求得顶板弯曲下沉方程 $w(x)$。

由式(5-2)可知,煤柱上方顶板下沉方程为

$$w(x) = \frac{q}{k_{\mathrm{p}}} + d_1 \mathrm{e}^{\alpha x}\cos(\alpha x) + d_2 \mathrm{e}^{\alpha x}\sin(\alpha x) + d_3 \mathrm{e}^{-\alpha x}\cos(\alpha x) + d_4 \mathrm{e}^{-\alpha x}\sin(\alpha x)$$

$$\tag{5-13}$$

由于将煤柱视为连续分布的 Winkler 弹性地基,则由式(5-2)可知,受采动影响煤柱整体受力满足以下关系:

$$Q = k_{\mathrm{p}} w(x) \tag{5-14}$$

将式(5-5)代入式(5-6),得到煤柱整体受力为

$$Q = q + k_{\mathrm{p}}[d_1 \mathrm{e}^{\alpha x}\cos(\alpha x) + d_2 \mathrm{e}^{\alpha x}\sin(\alpha x) + d_3 \mathrm{e}^{-\alpha x}\cos(\alpha x) + d_4 \mathrm{e}^{-\alpha x}\sin(\alpha x)]$$

$$\tag{5-15}$$

受采动影响煤柱整体受力示意如图 5-7 所示。

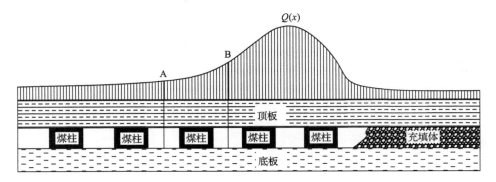

图 5-7　受采动影响煤柱整体受力示意

5.2.3　煤柱受力规律分析

单个煤柱同时承受煤柱及煤房上方的应力,选取图 5-7 中 A-B 部分对单个煤柱受力进行分析,单个煤柱结构受力状态如图 5-8 所示。

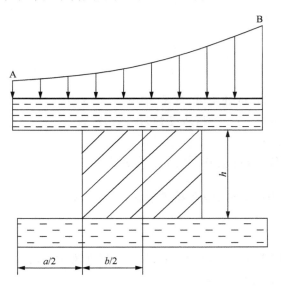

图 5-8　单个煤柱结构受力状态

图中,a 为煤房宽度,b 为煤柱宽度,h 为采高。

假设单个煤柱承载的区域坐标范围为$[x_1,x_2]$,区域范围包括煤柱的长度及煤房的宽度,则单个煤柱受力为对该区域范围的应力进行积分:

$$p = \int_{x_1}^{x_2} Q dx \tag{5-16}$$

将式(5-15)代入(5-16),得

$$p = \int_{x_1}^{x_2} \{q + k_p [d_1 e^{\alpha x} \cos(\alpha x) + d_2 e^{\alpha x} \sin(\alpha x) + d_3 e^{-\alpha x} \cos(\alpha x) + d_4 e^{-\alpha x} \sin(\alpha x)]\} dx$$

$$\tag{5-17}$$

利用 MAPLE 数学计算软件进行积分,得到单个煤柱受力为

$$
\begin{aligned}
p = & q(x_2 - x_1) + \frac{k_p}{2\alpha} \big[(-e^{\alpha x_1} d_1 + e^{\alpha x_1} d_2 + e^{-\alpha x_1} d_3 + e^{-\alpha x_1} d_4) \cos(\alpha x_1) \\
& + (-e^{\alpha x_1} d_1 - e^{\alpha x_1} d_2 - e^{-\alpha x_1} d_3 + e^{-\alpha x_1} d_4) \sin(\alpha x_1) \\
& + (e^{\alpha x_1} d_1 - e^{\alpha x_1} d_2 - e^{-\alpha x_1} d_3 - e^{-\alpha x_1} d_4) \cos(\alpha x_2) \\
& - (e^{\alpha x_1} d_1 + e^{\alpha x_1} d_2 + e^{-\alpha x_1} d_3 - e^{-\alpha x_1} d_4) \sin(\alpha x_2) \big]
\end{aligned}
$$

$$\tag{5-18}$$

将具体矿井充填回收房式煤柱工作面的工程参数代入式(5-10),可求得任意煤柱的受力值。下面以某煤矿具体工程地质条件为例进行计算。

根据该矿工程地质条件及岩石基本力学试验,工作面推进长度 500m,煤柱高度为 4.0m,顶板为粉砂岩,厚度为 4.61m,抗拉强度为 5.31MPa,弹性模量 25.83GPa,泊松比 0.28,上覆岩层均布载荷 2.6MPa,煤的弹性模量 14.06GPa。将式(5-6)代入式(5-7)与式(5-9)即可得不同充实率条件下煤柱整体及单个煤柱受力变化。

将上述具体工程地质参数代入式(5-18),得到不同推进距离条件下不同充实率时支承应力分布规律,推进距离为 50m 时不同充实率条件下支承应力分布规律如图 5-9 所示。

由图 5-9 分析可知。

(1) 当充填工作面推进 50m 时,随着充实率的增加,充填工作面前方支承应力逐渐减小,但由于受到充填工作面开切眼处实体煤的支撑作用,其减小幅度非常小。

(2) 不同充实率条件下支承应力均在充填工作面与煤柱交界处达到最大:当充实率为 0 时,支承应力最大值为 3.8MPa;当充实率为 90% 时,支承应力最大值为 3.75MPa。

(3) 不同充实率条件下前方煤柱受到的采动影响范围均在 50m 左右,但其剧烈影响范围随着充实率增加而减小。

推进距离为 100m 时不同充实率条件下支承应力分布规律如图 5-10 所示。

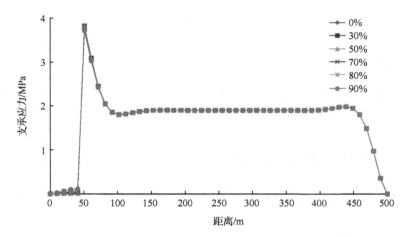

图 5-9　推进距离为 50m 时不同充实率条件下支承应力分布规律

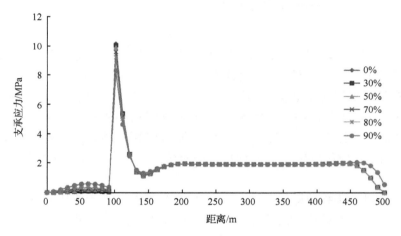

图 5-10　推进距离为 100m 时不同充实率条件下支承应力分布规律

由图 5-10 分析可知。

（1）当充填工作面推进 100m 时，随着充实率的增加，充填工作面前方支承应力逐渐减小，但由于受到充填工作面开切眼处实体煤的支撑作用，其减小幅度非常小。

（2）不同充实率条件下支承应力均在充填工作面与煤柱交界处达到最大：当充实率为 0 时，支承应力最大值为 10.3MPa；当充实率为 90％时，支承应力最大值为 8.1MPa。

（3）不同充实率条件下前方煤柱受到的采动影响范围均在 40m 左右，但其剧烈影响范围随着充实率增加而减小。

推进距离为 150m 时不同充实率条件下支承应力分布规律如图 5-11 所示。

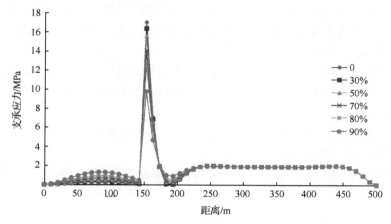

图 5-11　推进距离为 150m 时不同充实率条件下支承应力分布规律

由图 5-11 分析可知。

（1）当充填工作面推进 150m 时，随着充实率的增加，充填工作面前方支承应力逐渐减小，但由于受到充填工作面开切眼处实体煤的支撑作用减弱，其减小幅度逐渐增大。

（2）不同充实率条件下支承应力均在充填工作面与煤柱交界处达到最大：当充实率为 0 时，支承应力最大值为 17.1MPa；当充实率为 90% 时，支承应力最大值为 9.9MPa。

（3）不同充实率条件下前方煤柱受到的采动影响范围均在 30m 左右，但其剧烈影响范围随着充实率增加而减小。

推进距离为 200m 时不同充实率条件下支承应力分布规律如图 5-12 所示。

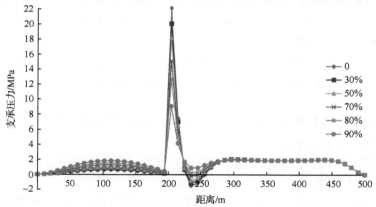

图 5-12　推进距离为 200m 时不同充实率条件下支承应力分布规律

由图 5-12 分析可知。

(1) 当充填工作面推进 200m 时,随着充实率的增加,充填工作面前方支承应力逐渐减小,但由于基本不受到充填工作面开切眼处实体煤的支撑作用,其减小幅度呈现先降低后增大的趋势。

(2) 不同充实率条件下支承应力均在充填工作面与煤柱交界处达到最大:当充实率为 0 时,支承应力最大值 22.3MPa;当充实率为 90% 时,支承应力最大值为 8.7MPa。

(3) 不同充实率条件下前方煤柱受到的采动影响范围均在 30m 左右,但其剧烈影响范围随着充实率增加而减小。

推进距离为 250m 时不同充实率条件下支承应力分布规律如图 5-13 所示。

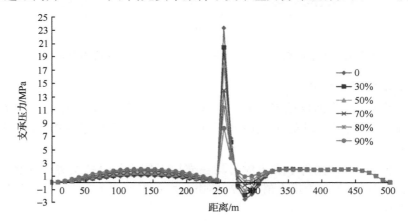

图 5-13　推进距离为 250m 时不同充实率条件下支承应力分布规律

由图 5-13 分析可知。

(1) 当充填工作面推进 250m 时,随着充实率的增加,充填工作面前方支承应力逐渐减小,但由于基本不受到充填工作面开切眼处实体煤的支撑作用,其减小幅度呈现先降低后增大的趋势;

(2) 不同充实率条件下支承应力均在充填工作面与煤柱交界处达到最大:当充实率为 0 时,支承应力最大值为 24.1MPa;当充实率为 90% 时,支承应力最大值为 8.4MPa;

(3) 不同充实率条件下前方煤柱受到的采动影响范围均在 25m 左右,但其剧烈影响范围随着充实率增加而减小。

推进距离为 300m 时不同充实率条件下支承应力分布规律如图 5-14 所示。

由图 5-14 分析可知。

(1) 当充填工作面推进 300m 时,随着充实率的增加,充填工作面前方支承应力逐渐减小,但由于基本不受到充填工作面开切眼处实体煤的支撑作用,其减小幅

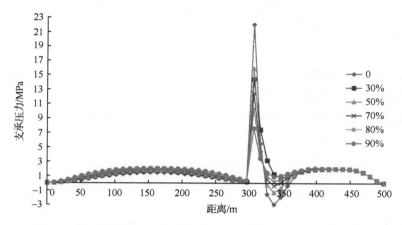

图 5-14　推进距离为 300m 时不同充实率条件下支承应力分布规律

度呈现先降低后增大的趋势。

（2）不同充实率条件下支承应力均在充填工作面与煤柱交界处达到最大：当充实率为 0 时，支承应力最大值为 22.3MPa；当充实率为 90％时，支承应力最大值为 7.4MPa。

（3）不同充实率条件下前方煤柱受到的采动影响范围均在 20m 左右，但其剧烈影响范围随着充实率增加而减小。

推进距离为 350m 时不同充实率条件下支承应力分布规律如图 5-15 所示。

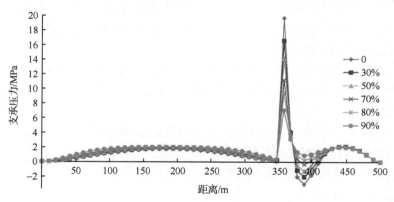

图 5-15　推进距离为 350m 时不同充实率条件下支承应力分布规律

由图 5-15 分析可知。

（1）当充填工作面推进 350m 时，随着充实率的增加，充填工作面前方支承应力逐渐减小，但由于基本不受到充填工作面开切眼处实体煤的支撑作用，其减小幅度呈现先降低后增大的趋势。

（2）不同充实率条件下支承应力均在充填工作面与煤柱交界处达到最大：当充实率为 0 时，支承应力最大值为 20.1MPa；当充实率为 90％时，支承应力最大值为 6.8MPa。

（3）不同充实率条件下前方煤柱受到的采动影响范围均在 15m 左右，但其剧烈影响范围随着充实率增加而减小。

推进距离为 400m 时不同充实率条件下支承应力分布规律如图 5-16 所示。

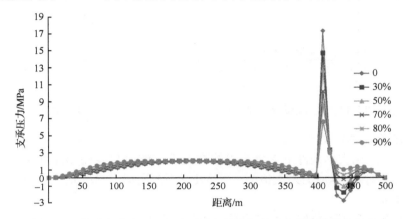

图 5-16　推进距离为 400m 时不同充实率条件下支承应力分布规律

由图 5-16 分析可知。

（1）当充填工作面推进 400m 时，随着充实率的增加，充填工作面前方支承应力逐渐减小，但由于基本不受到充填工作面开切眼处实体煤的支撑作用，其减小幅度呈现先降低后增大的趋势。

（2）不同充实率条件下支承应力均在充填工作面与煤柱交界处达到最大：当充实率为 0 时，支承应力最大值为 17.4MPa；当充实率为 90％时，支承应力最大值为 6.2MPa。

（3）不同充实率条件下前方煤柱受到的采动影响范围均在 15m 左右，但其剧烈影响范围随着充实率增加而减小。

推进距离为 450m 时不同充实率条件下支承应力分布规律如图 5-17 所示。

由图 5-17 分析可知。

（1）当充填工作面推进 450m 时，随着充实率的增加，充填工作面前方支承应力逐渐减小，其减小幅度呈现先降低后增大的趋势。

（2）不同充实率条件下支承应力均在充填工作面与煤柱交界处达到最大：当充实率为 0 时，支承应力最大值为 15.8MPa；当充实率为 90％时，支承应力最大值为 6.1MPa。

（3）不同充实率条件下前方煤柱受到的采动影响范围均在 15m 左右，但其剧

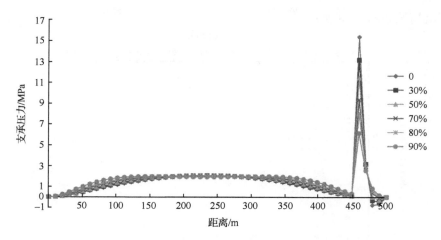

图 5-17　推进距离为 450m 时不同充实率条件下支承应力分布规律

烈影响范围随着充实率增加而减小。

推进距离为 500m 时不同充实率条件下支承应力分布规律如图 5-18 所示。

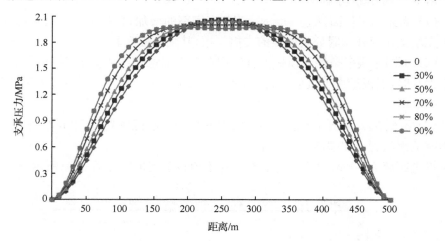

图 5-18　推进距离为 500m 时不同充实率条件下支承应力分布规律

由图 5-18 分析可知,当充填工作面推进 500m 时,随着充实率的增加,充填工作面支承应力逐渐减小,其减小幅度非常小,充填工作面充填体处应力均接近于原岩应力。

5.2.4　顶板变形规律分析

将榆林地区 A 矿地质条件与实验数据代入式(5-10)进行计算,得到不同推进距离条件下不同充实率时顶板下沉情况,推进距离为 50m 时不同充实率条件下顶板下沉情况如图 5-19 所示。

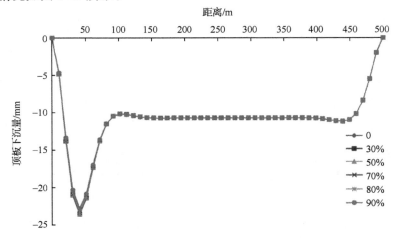

图 5-19　推进距离为 50m 时不同充实率条件下顶板下沉情况

由图 5-19 分析可知。

（1）当充填工作面推进 50m 时，随着充实率的增加，顶板下沉值逐渐减小，但由于充填工作面开切眼处实体煤的支撑作用，其减小幅度非常小。

（2）不同充实率条件下顶板下沉值均在工作面推进约 40m 时达到最大：当充实率为 0 时，顶板最大下沉值约为 24mm；当充实率为 90％时，顶板最大下沉值约为 23.5mm。

（3）不同充实率条件下前方煤柱受到的采动影响范围均在 50m 左右，但其剧烈影响范围随着充实率增加而减小。

推进距离为 100m 时不同充实率条件下顶板下沉情况如图 5-20 所示。

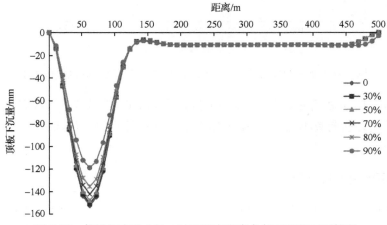

图 5-20　推进距离为 100m 时不同充实率条件下顶板下沉情况

由图 5-20 分析可知。

（1）当充填工作面推进 100m 时，随着充实率的增加，顶板下沉值逐渐减小，其减小幅度非常小。

（2）不同充实率条件下顶板下沉值均在工作面推进约 60m 时达到最大；当充实率为 0 时，顶板最大下沉值为 150mm；当充实率为 90％时，顶板最大下沉值为 119mm。

（3）不同充实率条件下前方煤柱受到的采动影响范围均在 40m 左右，但其剧烈影响范围随着充实率增加而减小。

推进距离为 150m 时不同充实率条件下顶板下沉情况如图 5-21 所示。

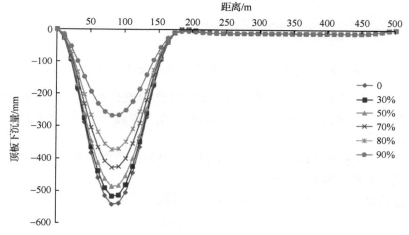

图 5-21　推进距离为 150m 时不同充实率条件下顶板下沉情况

由图 5-21 分析可知。

（1）当充填工作面推进 150m 时，随着充实率的增加，顶板下沉值逐渐减小，其减小幅度逐渐增大。

（2）不同充实率条件下顶板下沉值均在工作面推进约 85m 时达到最大；当充实率为 0 时，顶板最大下沉值为 544mm；当充实率为 90％时，顶板最大下沉值为 269mm。

（3）不同充实率条件下前方煤柱受到的采动影响范围均在 30m 左右，但其剧烈影响范围随着充实率增加而减小。

推进距离为 200m 时不同充实率条件下顶板下沉情况如图 5-22 所示。

由图 5-22 分析可知。

（1）当充填工作面推进 200m 时，随着充实率的增加，顶板下沉值逐渐减小，其减小幅度呈现先降低后增大的趋势。

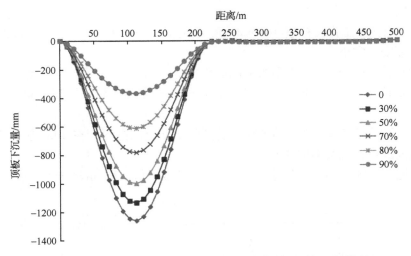

图 5-22　推进距离为 200m 时不同充实率条件下顶板下沉情况

（2）不同充实率条件下顶板下沉值均在工作面推进约 105m 时达到最大；当充实率为 0 时，顶板最大下沉值为 1262mm；当充实率为 90％时，顶板最大下沉值为 369mm。

（3）不同充实率条件下前方煤柱受到的采动影响范围均在 30m 左右，但其剧烈影响范围随着充实率增加而减小。

推进距离为 250m 时不同充实率条件下顶板下沉情况如图 5-23 所示。

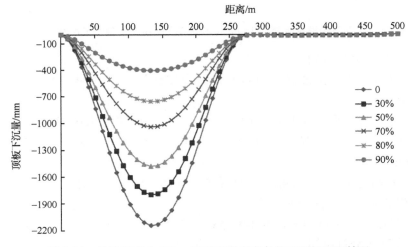

图 5-23　推进距离为 250m 时不同充实率条件下顶板下沉情况

由图 5-23 分析可知。

（1）当充填工作面推进 250m 时，随着充实率的增加，顶板下沉值逐渐减小，其减小幅度呈现先降低后增大的趋势。

（2）不同充实率条件下顶板下沉值均在工作面推进约 140m 时达到最大：当充实率为 0 时，顶板最大下沉值为 2146mm；当充实率为 90％时，顶板最大下沉值为 407mm。

（3）不同充实率条件下前方煤柱受到的采动影响范围均在 25m 左右，但其剧烈影响范围随着充实率增加而减小。

推进距离为 300m 时不同充实率条件下顶板下沉情况如图 5-24 所示。

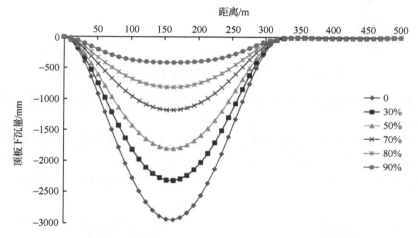

图 5-24　推进距离为 300m 时不同充实率条件下顶板下沉情况

由图 5-24 分析可知。

（1）当充填工作面推进 300m 时，随着充实率的增加，顶板下沉值逐渐减小，其减小幅度呈现先降低后增大的趋势。

（2）不同充实率条件下顶板下沉值均在工作面推进约 160m 时达到最大：当充实率为 0 时，顶板最大下沉值为 2944mm；当充实率为 90％时，顶板最大下沉值为 411mm。

（3）不同充实率条件下前方煤柱受到的采动影响范围均在 20m 左右，但其剧烈影响范围随着充实率增加而减小。

推进距离为 350m 时不同充实率条件下顶板下沉情况如图 5-25 所示。

由图 5-25 分析可知。

（1）当充填工作面推进 350m 时，随着充实率的增加，顶板下沉值逐渐减小，其减小幅度呈现先降低后增大的趋势。

（2）不同充实率条件下顶板下沉值均在工作面推进约 180m 时达到最大：当

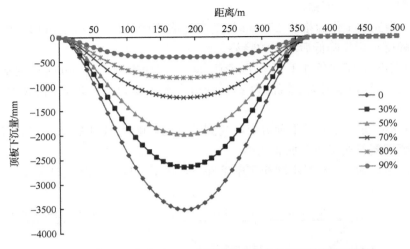

图 5-25　推进距离为 350m 时不同充实率条件下顶板下沉情况

充实率为 0 时,顶板最大下沉值为 3520mm;当充实率为 90％时,顶板最大下沉值为 403mm。

（3）不同充实率条件下前方煤柱受到的采动影响范围均在 15m 左右,但其剧烈影响范围随着充实率增加而减小。

推进距离为 400m 时不同充实率条件下顶板下沉情况如图 5-26 所示。

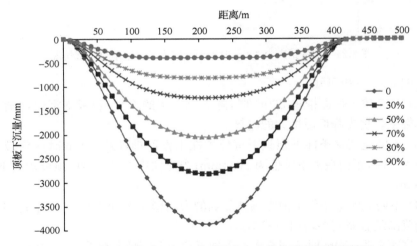

图 5-26　推进距离为 400m 时不同充实率条件下顶板下沉情况

由图 5-26 分析可知。

（1）当充填工作面推进 400m 时,随着充实率的增加,顶板下沉值逐渐减小,其减小幅度呈现先降低后增大的趋势。

（2）不同充实率条件下顶板下沉值均在工作面推进约 210m 时达到最大：当充实率为 0 时，顶板最大下沉值为 3872mm；当充实率为 90％时，顶板最大下沉值为 396mm。

（3）不同充实率条件下前方煤柱受到的采动影响范围均在 15m 左右，但其剧烈影响范围随着充实率增加而减小。

推进距离为 450m 时不同充实率条件下顶板下沉情况如图 5-27 所示。

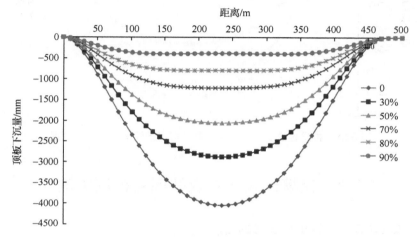

图 5-27　推进距离为 450m 时不同充实率条件下顶板下沉情况

由图 5-27 分析可知。

（1）当充填工作面推进 450m 时，随着充实率的增加，顶板下沉值逐渐减小，其减小幅度呈现先降低后增大的趋势。

（2）不同充实率条件下顶板下沉值均在工作面推进约 240m 时达到最大：当充实率为 0 时，顶板最大下沉值为 4053mm；当充实率为 90％时，顶板最大下沉值为 396mm。

（3）不同充实率条件下前方煤柱受到的采动影响范围均在 15m 左右，但其剧烈影响范围随着充实率增加而减小。

推进距离为 500m 时不同充实率条件下顶板下沉情况如图 5-28 所示。

由图 5-28 分析可知。

（1）当充填工作面推进 500m 时，随着充实率的增加，顶板下沉值逐渐减小，其减小幅度呈现先降低后增大的趋势。

（2）不同充实率条件下顶板下沉值均在工作面推进约 250m 时达到最大：当充实率为 0 时，顶板最大下沉值为 4107mm；当充实率为 90％时，顶板最大下沉值为 396mm。

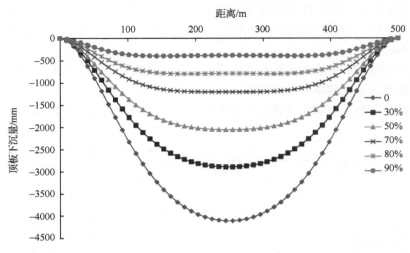

图 5-28　推进距离为 500m 时不同充实率条件下顶板下沉情况

5.3　充填回收房式煤柱围岩控制关键

5.3.1　煤柱与顶板变形的主要影响因素

影响煤柱与顶板变形的主要因素有煤柱自身支撑特性、地质因素、工作面参数及充实率等[180-199]。

1. 煤柱自身支撑特性

煤柱自身的支撑特性也是控制煤柱和顶板变形的重要参数之一,其包括煤柱的尺寸、煤柱的物理性质、煤柱的节理裂隙等。

根据煤柱尺寸中煤柱的平均应力分析计算方法计算煤柱受到应力为

$$p = \gamma H_1 \frac{(W+B)(B+L)}{WL} \tag{5-19}$$

式中:P 为煤柱载荷,MPa;γ 为上覆岩层平均容重,MPa/m;H_1 为采深,m;W 为煤柱宽度,m;B 为煤房宽度,m;L 为煤柱长度,m。

根据式(5-19)可知煤柱留设尺寸越大煤柱所受到的平均应力越小,煤柱和顶板的变形量越小。

此外煤柱的物理性质如弹性模量、泊松比、内摩擦角等及煤柱中的节理裂隙是影响煤柱强度的重要指标,煤柱强度越大,煤柱和顶板的变形量越小。

2. 地质因素

地质因素包括煤层埋深、断层、岩层密度、地下水流等。当煤层上覆岩层的密度和煤层的埋深增加，煤柱所受到的支撑压力越大，煤柱和顶板的变形量也越大。断层、地下水流是煤柱强度降低的重要影响因素，当煤柱强度降低时煤柱支撑能力将大大减小，煤柱和顶板的变形量将会增加。

3. 工作面参数

工作面参数中的工作面长度和工作面连续推进长度是影响煤柱和顶板变形的关键因素之一。随着工作面长度和工作面连续推进长度增加，煤柱所需要支撑的顶板的面积增加，处于工作面两侧应力升高区的煤柱破坏更加严重，随着工作面两侧的煤柱破坏，工作面应力将会转移到其他煤柱，单个煤柱所受到支撑应力更大，煤柱更加容易失稳，煤柱和顶板的变形量不断增加。

4. 充实率

充实率是充填工作面设计的重要参数之一，固体充填开采岩层控制基本原理是采用充填体取代原始煤层对上覆岩层支撑作用。充实率越高采空区内的充填体越致密，对上覆岩层移动的抑制越有效，顶板变形量越小，同时煤柱所受的支撑应力越小，煤柱变形也越小。

5.3.2　充填效果评价指标

充填效果评价指标可根据等价采高定义来评价，等价采高是充填体充分压实之后的等量开挖高度。可根据式(5-20)计算：

$$M_d = M\eta + (1 - \eta)(h_x + h_q) \tag{5-20}$$

式中：M_d 为等价采高，mm；M 为实际采高，mm；η 为充填体剩余压实度；h_x 为充填前顶板下沉量，mm；h_q 为欠接顶量，mm。

由式(5-20)可知，影响等价采高大小的主要因素包括实际采高 M、充填体剩余压实度 η、充填前顶板下沉量 h_x 及欠接顶量 h_q。实际采高与工作面采矿地质条件相关，在此不作详细分析；而其他三个影响因素均可以通过一定的方法进行控制，因此，分别对其产生原因和控制方法进行分析。

1. 充填体剩余压实度

1) 充填体剩余压实度产生原因

固体充填采煤所选用的充填材料一般为矸石等材料，其应变会随着所受应力的增加呈非线性增加,不同的材料配比形成的充填体,应力应变曲线也不同。某矿矸石等混合材料的应力应变曲线如图 5-29 所示。

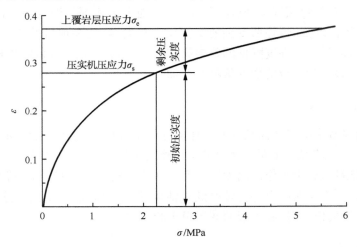

图 5-29　某矿矸石与粉煤灰应力应变曲线

由图 5-29 可知,剩余压实度是指充填体所受应力由压实机压应力 σ_s 增加至上覆岩层压应力 σ_e 时应变的增加值。剩余压实度越小,充填体开始承受顶板载荷时产生的变形越小,等价采高就越小。

充填体剩余压实度与上覆岩层载荷、充填材料的性质及充填材料的初始压实度相关。上覆岩层载荷减小,充填材料的可压缩性减小、初始压实度的增加,均可以使充填体剩余压实度减小。

2)充填体剩余压实度控制方法

由于上覆岩层载荷与工作面地质条件相关,不能改变,只能采用以下方法减小充填体剩余压实度。

(1)减小充填材料的可压缩性。在选取充填材料时,可以通过实验,分析比较不同材料的可压缩性,尽量选用可压缩性较小的充填材料。

(2)增加初始压实度。设计时,应尽量增大压实机的压实力,同时,在充填过程中,增加对充填体的压实时间,使充填体的初始压实度增加,进而减小剩余压实度。

2. 充填前顶板下沉量

1)充填前顶板下沉量产生原因

充填前顶板下沉量是指充填材料充入采空区之前顶板的下沉距离。其值越大,可供充填的空间越小,等价采高越大,如图 5-30 所示。

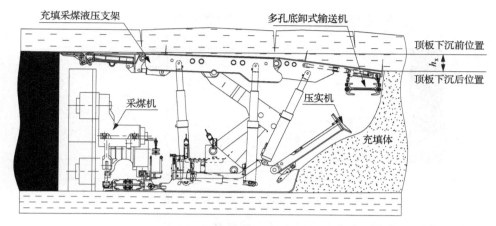

图 5-30　充填前顶板下沉量 hx 示意图

由于采煤与充填之间有一定的时间间隔,揭露的顶板会产生自然的弯曲下沉,如果此时支架对顶板的主动支撑力不足,就会造成充填前顶板的下沉。

2) 充填前顶板下沉量控制方法

以目前的技术条件,无法把弯曲下沉后的顶板还原到原来的位置,因此,只能在生产过程中,采取一些方法减小充填前顶板下沉量。

(1) 优化充填采煤工艺。采煤与充填之间的间隔时间越短,顶板下沉量越小,因此,通过优化充填采煤工艺,增加充填速度,减小采煤与充填之间的间隔时间,可以减小充填前顶板下沉量。

(2) 提高支架主动支撑力。直接顶揭露之后至充填完成之前,其重量基本是由支架承受,增加支架的主动支撑力,可以减小顶板的弯曲下沉量,保证充填空间,进而减小等价采高,另外通过增强超前液压支架的支撑能力而保证顶板的支护安全性。

3. 欠接顶量

1) 欠接顶量产生原因

欠接顶量是充填体与顶板之间的空隙距离,它直接关系到充填质量,欠接顶量越大,充填体对顶板的控制效果越差,从而造成等价采高增大,如图 5-31 所示。

欠接顶量主要由以下三个原因造成。

(1) 矸石等充填材料属于散体,其自然安息角较小,具有一定的流动性,容易滑落,使充填体与顶板之间产生一定的空隙。

(2) 设备配套不合理,不能适应工作面采高的变化,无法使充填空间完全充满。

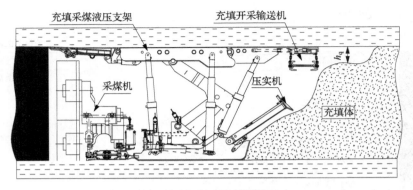

图 5-31　充填欠接顶量 h_q 示意图

（3）操作不规范，没有完成相应的充填任务。

2）欠接顶量控制方法

根据欠接顶量产生的原因，可以采取以下方法进行控制。

（1）通过材料配比、湿度控制等方式，使充填材料在压实之后可以达到稳定的状态，减少充填材料滑落造成的空隙。

（2）对充填设备进行合理的选型和配套，增大设备的适应条件，确保可以把充填材料充填至接顶，消除因设备原因产生的欠接顶量。

（3）规范人员操作，建立合理的监督和考核制度，防止充填量不够产生的欠接顶量。

5.3.3　煤柱及顶板变形控制关键指标

通常煤柱及煤房尺寸是指其留设的长度、宽度、高度。充实率是指达到充分采动后，采空区内的充填物料在覆岩充分沉降后被压实的最终高度与采高的比值。在充填采煤中，煤层的覆岩移动破坏是一个连续变化的过程，两者是煤柱及顶板变形控制的重要指标，随着煤柱尺寸越大、煤房尺寸越小，充实率越高，煤柱和顶板的变形量就越小。[200-205]

第6章 固体充填回收房式煤柱采场覆岩变形规律分析

6.1 物理相似模型的建立

由于相似模拟实验可人为控制和改变实验条件,从而可确定单因素或多因素影响岩层移动与矿山压力的规律,因而被广泛应用于采矿工程中岩层移动特征及矿山压力规律研究。本节采用相似模拟实验的方法,根据相似模拟实验的相似条件,建立充实率分别为 0、40%、60%、80% 条件下的相似模型研究固体充填回收房式煤柱岩层移动规律。

6.1.1 模型的相似参数

根据前面章节测试得出的煤岩体力学特征,建立二维平面应力模型,模型的几何尺寸长×宽×高为 2.5m×0.09m×1.05m。

依据典型的房式开采矿区的采矿地质条件、相似模拟理论及相似条件,确定实验模型的几何比 C_l 为 1:100,再根据实验材料与原型各岩层的容重,确定了模型的容重比 C_r 为 1.667,则其他相似参数为

(1) 运动相似

$$\frac{t_1}{t_1'} = \frac{t_2}{t_2'} = \cdots = C_t = \sqrt{C_l} = 1:10 \tag{6-1}$$

(2) 应力相似

$$C_p = C_r C_l = 166.7 \tag{6-2}$$

(3) 动力相似

$$F = m\frac{dV}{dt} \tag{6-3}$$

由此可推出:

$$\frac{m_1^n}{m_1'} = \frac{m_2^n}{m_2'} = \cdots = C_m = C_r \cdot C_l^3 = 1.67 \times 10^6 \tag{6-4}$$

（4）时间相似

$$\alpha_{\mathrm{t}} = \frac{t_{\mathrm{H}}}{t_{\mathrm{m}}} = \sqrt{\alpha_{\mathrm{l}}} \qquad (6\text{-}5)$$

式中：t_{H} 为现场实际工作所用时间；t_{m} 为模型上工作所需用的时间。

（5）模型上回采工作面推进速度的计算

按时间比公式计算：

$$\frac{t_{\mathrm{H}}}{t_{\mathrm{m}}} = \sqrt{\alpha_{\mathrm{l}}} = \sqrt{100} = 10$$

$$t_{\mathrm{m}} = \frac{t_{\mathrm{H}}}{10} \qquad (6\text{-}6)$$

现场开采一个煤房实际时间取 5h，而模型上实际工作时间按式（6-6）计算得

$$t_{\mathrm{m}} = \frac{5}{10} = 0.5\mathrm{h} = 30\mathrm{min}$$

现场回收一个煤柱分为两个阶段，每个阶段实际时间按照 10h 计算，而模型上实际工作时间按式（6-6）计算得：

$$t_{\mathrm{m}} = \frac{10}{10} = 1\mathrm{h} = 60\mathrm{min}$$

6.1.2　模型的基本参数及监测方案

1. 煤及各岩层的相似材料配比

典型矿区岩层力学性能参数见表 6-1，结合相似模拟参数确定相似模型的各层铺设厚度及实验材料的配比见表 6-2。

表 6-1　相似模拟煤岩层力学性能参数

序号	岩层	厚度/m	模型厚度/cm	抗压强度/MPa	模拟强度/kPa
1	表土层	24	24	12	71.99
2	细粒砂岩	7	7	40	239.95
3	泥质粉砂岩	16	16	28	167.97
4	细粒砂岩	6	6	40	239.95
5	粉砂岩	17	17	30	179.96
6	细粒砂岩	5	5	40	239.95
7	粉砂岩	6.5	6.5	30	179.96

序号	岩层	厚度/m	模型厚度/cm	抗压强度/MPa	模拟强度/kPa
8	细粒砂岩	2	2	40	239.95
9	粉砂岩(基本顶)	5	5	30	179.96
10	5⁻²煤	4.5	4.5	25	149.97
11	粉砂岩	5	5	30	179.96
12	中粒砂岩	7	7	38	227.95

表 6-2　模型各层实验材料配比

序号	岩层	总干重/kg	砂/kg	碳酸钙/kg	石膏/kg	水/kg
1	表土层	97.20	85.05	8.51	3.65	12.15
2	细粒砂岩	28.35	22.68	1.70	3.97	3.54
3	泥质粉砂岩	64.80	55.54	2.78	6.48	8.10
4	细粒砂岩	24.30	19.44	1.46	3.40	3.04
5	粉砂岩	68.85	59.01	2.95	6.89	8.61
6	细粒砂岩	20.25	16.20	1.22	2.84	2.53
7	粉砂岩	20.25	17.36	0.87	2.03	2.53
8	细粒砂岩	8.10	6.48	0.49	1.13	1.01
9	粉砂岩(基本顶)	20.25	16.20	1.22	2.84	2.53
10	5-2煤	24.30	21.26	2.13	0.91	3.04
11	粉砂岩	20.25	17.36	0.87	2.03	2.53
12	中粒砂岩	28.35	22.68	1.70	3.97	3.54
合计		425.25	359.26	25.87	40.12	53.16

铺设的模型如图 6-1 所示。

图 6-1　模型开挖前实拍

2. 监测方案

模型开挖过程中,主要对工作面覆岩变形规律进行监测。监测采用非接触式全场应变测量系统——Vic-2D 系统,运用 2D 数字图像相关性运算方法,测量整个模型任意点的位移和形变,主要实验设备有高清摄像机、探照灯、配套笔记本和 Vic-2D 软件,如图 6-2 所示。本实验主要分析模型表面 6 排 66 个测点,每排测点沿覆岩中线平均分布;监测内容为煤柱上方岩层距始采线 50m、100m、150m 处三点位移和速度随开挖的变化过程,监测点布置如图 6-3 所示。

(a) 照相机及配套设备　　　　　　　　(b) Vic-2D 软件

图 6-2　非接触式全场应变测量系统

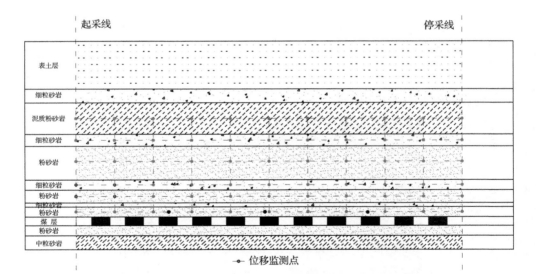

图 6-3　监测点布置示意

6.1.3　模型的开采方案

首先模拟房式开采,每个模型都从距两端 25cm 处往中间同时开挖宽 7.5cm 的煤房,留设宽 9.0cm 的煤柱,其中每个煤房开挖间隔时间为 30min,按此速度推进,直到煤房开挖完毕,所有煤房开挖完毕后,模型静止 3d。接下来进行煤柱回收工作,分为充填房式开采留下的煤房和开挖并充填留设的煤柱两部分。开挖工序为充填一个煤房等待 90min;再进行煤柱的开挖与充填,煤柱的充填开采分为两步进行,第一步先开挖 4.5cm,并充填,然后开挖剩余的 4.5cm 并充填,间隔 60min,再进行下一个循环。模型开挖结束后,静止 7d,监测模拟结果。

6.2　充填体相似材料实验

相似模拟实验能够真实反映固体充填开采过程采场覆岩变形规律的一个重要因素就是选取合适的充填体相似模拟材料。根据相似条件,充填体模拟材料的应力-应变曲线应与实际充填体应力-应变曲线的相似,从而确保相似模拟实验中充填材料动态变形的准确性,即必须找到一种相似的模拟材料,其应力-应变曲线与运用相似公式计算出的应力-应变曲线相似。

6.2.1　充填体相似材料应力-应变关系测试

为此,选取了 8 种硬度不同的海绵,型号分别为 1 号、2 号、3 号、4 号、5 号、6 号、7 号、8 号,进行其应力-应变关系测试,以寻求合适的充填体模拟材料。将 8 种不同型号的海绵逐步加压至所能承受的极限荷载得出各自的应力-应变曲线如图 6-4 所示。

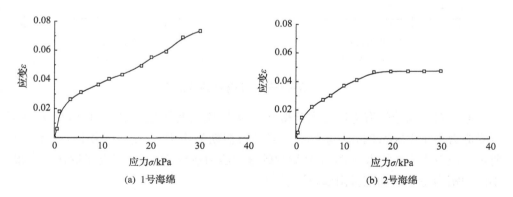

(a) 1号海绵　　　　　　　　　　　　(b) 2号海绵

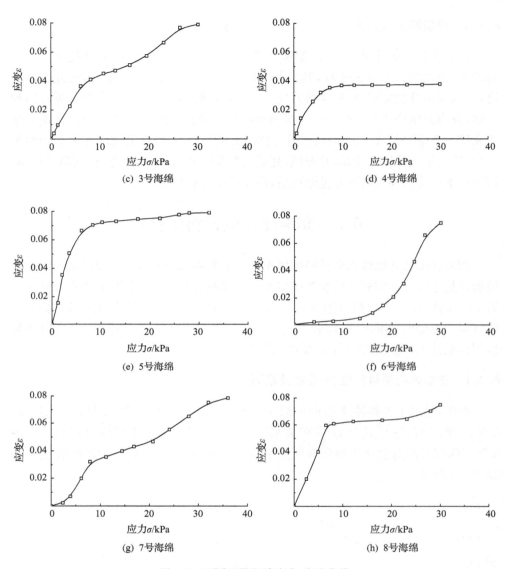

图 6-4　不同型号海绵应力-应变曲线

　　通过对不同型号海绵压缩实验得到的应力-应变曲线进行对比可知,1 号海绵所受应力小于 12kPa 时,其与实际充填材料初期的应力-应变曲线相似,如图 6-5 所示。但应力大于 12kPa 时,1 号海绵的承受能力达到其极限,其应变量在应力很小的增幅内急剧增加至极限值,接近于 0.08。

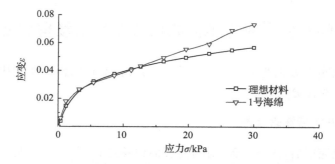

图 6-5　1 号海绵与理想模拟材料应力-应变曲线

6.2.2　充填体相似材料确定

由图 6-5 可知,如果模拟材料单独采用 1 号海绵,当载荷小于 12kPa 时其曲线基本符合矸石充填体压缩初期的应力-应变关系曲线,但是当应力大于 12kPa 之后,1 号海绵与实际充填体的应力-应变关系曲线不再相似。因此,本次试验中采用木块与海绵的组合体模拟实际充填体:木块限制充填体的最大压缩量,从而控制充实率,海绵模拟矸石充填体在覆岩作用下的前期压缩过程,二者均制作成标准试验件,二者的组合应用方式如图 6-6 所示。

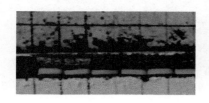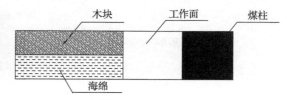

图 6-6　海绵与木块的组合方式

根据上述实验结论及 1 号海绵的应力-应变曲线,同时考虑到对试验模型中充实率的控制,设计充实率分别为 0、40%、60%、80%,相似材料模型中木块与海绵的高度见表 6-3。

表 6-3　不同充实率条件下的木块与海绵参数设计

充实率/%	海绵高度/mm	木块高度/mm	最终压实高度/mm
0	0	0	0
40	34	11	18.0
60	23	22	27.0
80	11	34	36.0

6.3 不同充实率时充填回收房式煤柱采场覆岩变形规律

本节对充实率分别为 0、40%、60%、80%时相似材料模拟实验中覆岩移动破坏特征进行了对比分析。

6.3.1 煤房开挖后覆岩状态

煤房开挖完毕后,静止 3 天,对模型表面位移进行观测,结果显示上覆岩层没有发生移动变形,基本保持了原有的状态,如图 6-7 所示。

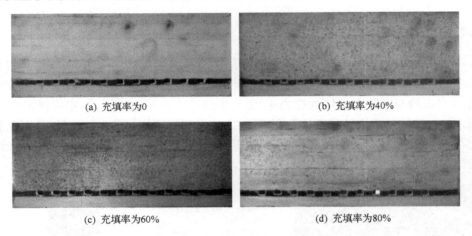

(a) 充填率为0   (b) 充填率为40%

(c) 充填率为60%   (d) 充填率为80%

图 6-7   回收煤柱前模型覆岩状态

6.3.2 充实率为 0 时覆岩变形规律

1)上覆岩层移动变形规律分析

充实率为 0,即采用垮落法管理顶板,在整个回收煤柱过程中,上覆岩层自下向上出现"三带":垮落带、裂隙带和弯曲下沉带。煤层上第 4 层岩层及其下部岩层之间随着煤柱开挖出现明显的离层,裂隙发育较大,并出现周期性断裂,经历大面积初次垮落之后呈周期性垮落,岩层整体性破坏;煤层上第 5 层岩层出现明显裂隙,但没有垮落;煤层上第 5 层以上岩层以弯曲下沉为主,保持了整体连续性。按照上述岩层的移动破坏特征将模拟开采过程分为两个阶段。

第一阶段(自始采线至推进距离 105m 时):在回收煤柱的过程中,煤层上第 4 层岩层及其以下岩层经历了"稳定—离层—纵向裂隙—基本顶初次垮落"的过程,其变化过程如图 6-8 所示。当工作面推进至距始采线 50m 时,基本顶与上部岩层开始出现轻微离层和裂隙;随着工作面推进一直到距始采线 66m 处,岩层离层发育明显,出现了纵向裂隙并有较大发育;当推进至距始采线 105m 时基本顶发生初次垮落,在 40m 和 65m 处发生断裂,初次来压步距为 105m。

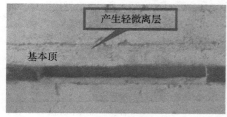
(a) 工作面推进44m

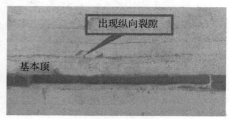
(b) 工作面推进66m

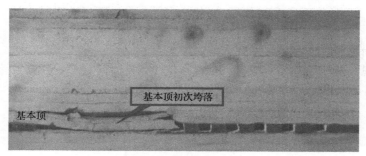
(c) 工作面推进105m

图 6-8　充实率为 0 开采第一阶段岩层移动破坏过程

第二阶段(工作面自 105m 推进到 200m):基本顶经历初次垮落之后,随着煤柱进一步回收,上部覆岩出现了"离层—断裂—周期垮落—离层闭合"的过程,其变化过程如图 6-9 所示。当工作面推进至距离始采线 120m 时,上部覆岩出现离层和纵向裂隙,并随工作面向前推进不断发育;当工作面推进距始采线 159m 时,在距离始采线 121m 基本顶再次发生垮落,推进至 200 时基本顶第二次周期性垮落,周期来压步距约为 47m。

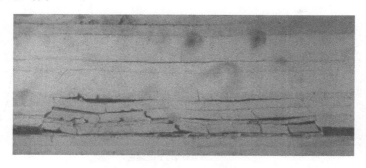

图 6-9　充实率为 0 时开采第二阶段岩层移动破坏过程

开采完毕后模型的覆岩移动变形如图 6-10 所示。

图 6-10　充实率为 0 时模型采后覆岩移动变形云图

2）覆岩下沉规律分析

根据基本顶中距离始采线 50m、100m、150m 处所得到的位移数值绘制对应测点处的基本顶下沉速度如图 6-11 所示。

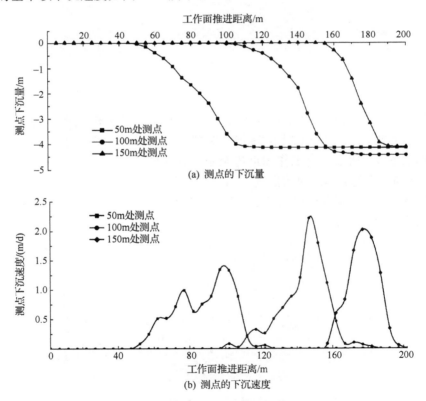

图 6-11　充实率为 0 时基本顶的下沉规律

由图 6-11 可知,上覆岩层的下沉速度经历了"缓慢—逐渐增大到峰值—快速减少—趋于稳定"的过程,具体分析如下:

(1) 距离始采线 50m 处的测点:当工作面推进到 54m 时下沉速度开始快速增长,推进到 100m 时测点处岩层下沉速度达到峰值,最大下沉速度达到 1.33m/d,推进到 110m 时下沉速度变缓,推进到 125m 以后下沉速度趋近于 0;

(2) 距离始采线 100m 处的测点:当工作面推进到 105m 时下沉速度即开始快速增长,推进到 145m 时测点处岩层下沉速度达到峰值,最大下沉速度达到 2.26m/d,推进到 165m 时下沉速度变缓,推进到 180m 以后下沉速度趋近于 0;

(3) 距离始采线 150m 处的测点:当工作面推进到 160m 时下沉速度开始快速增长,推进到 175m 时测点处岩层下沉速度达到峰值,最大下沉速度达到 2.05m/d,推进到 195m 时下沉速度变缓。

6.3.3　充实率为 40% 时覆岩移动破坏特征

1) 覆岩移动变形特征分析

充实率为 40% 时,随着工作面不断向前推进,煤层上覆岩层移动变形但没有出现垮落带,仅存在裂隙带和弯曲下沉带;覆岩裂隙经历发育和闭合全过程,当工作面推进到一定距离后基本顶发生破断但没有垮落现象,随后发生周期性破断,基本顶与上覆岩层有离层现象出现,按照上覆岩层的移动破坏特征将模拟开采过程分为两个阶段。

第一阶段(始采线至推进距离 123m 时):工作面由第一个煤柱开始依次向前推进,当工作面推进到 57m 处基本顶中仅是出现少量的裂隙;当工作面推进到 106m 处时基本顶中裂隙已经得到较大程度的发育,基本顶与上覆岩层的离层量继续增大,基本顶发生微量下沉;当工作面推进到 123m 处基本顶突然发生破断但未垮落,并与上覆岩层的离层量明显增加,同时,基本顶上方岩层开始发生较为明显的下沉,具体过程如图 6-12 所示。

第二阶段(工作面自 123m 推进至 200m):当工作面推进到 170m 时基本顶突然发生破断,煤层上方顶板的下沉量明显增加,基本顶与上覆岩层的离层明显,覆岩出现明显下沉;随着工作面的继续向前推进,基本顶发生周期性破断,新的离层区域不断产生,而工作面后方的离层区域随着基本顶上覆岩层的逐渐下沉其范围和离层量逐渐减小,而且覆岩不断下沉,具体过程如图 6-13 所示。

(a) 工作面推进57m处时

(b) 工作面推进123m处时

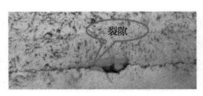

(c) 基本顶中的裂隙

(d) 基本顶破断

图 6-12　充实率为 40％时第一阶段岩层移动破坏过程

(a) 工作面推进170m处时

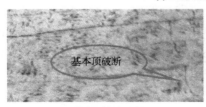

(b) 基本顶发生破断

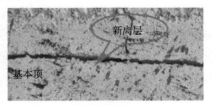

(c) 新离层开始产生

图 6-13　充实率为 40％时开采第二阶段岩层移动破坏过程

开挖完毕后,模型的覆岩移动变形云图如图 6-14 所示。

图 6-14　充实率 40% 时采后覆岩移动变形云图

2) 下沉规律分析

根据基本顶中距离始采线 50m、100m、150m 处的位移计记录的数值绘制对应测点处的基本顶下沉速度如图 6-15 所示。

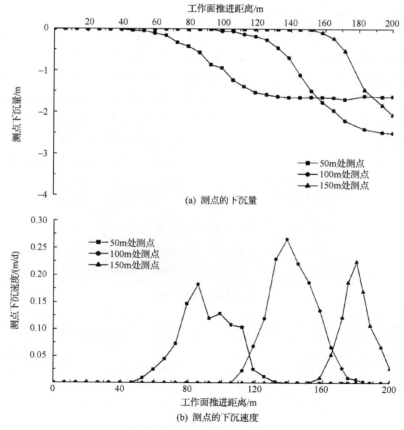

(a) 测点的下沉量

(b) 测点的下沉速度

图 6-15　充实率为 40% 时基本顶的下沉规律

由图 6-15 可知,上覆岩层的下沉速度经历了"缓慢—逐渐增大到峰值—快速减少—趋于稳定"的过程,具体分析如下。

(1) 距离始采线 50m 处的测点:当工作面推进到 60m 时下沉速度开始快速增长,推进到 85m 时测点处岩层下沉速度达到峰值,最大下沉速度达到 188.1mm/d,推进到 100m 时下沉速度变缓,推进到 125m 以后下沉速度趋近于 0。

(2) 距离始采线 100m 处的测点:当工作面推进到 110m 时下沉速度即开始快速增长,推进到 140m 时测点处岩层下沉速度达到峰值,最大下沉速度达到263.2mm/d。

(3) 距离始采线 150m 处的测点:当工作面推进到 162m 时下沉速度开始快速增长,推进到 183m 时候测点处岩层下沉速度达到峰值,最大下沉速度达到294mm/d,推进到 196m 时下沉速度变缓。

6.3.4　充实率为 60% 时覆岩移动破坏特征

1) 覆岩移动变形特征分析

充实率为 60% 的覆岩移动变形特征整体趋势与充实率为 40% 的较为类似。在整个充填回收煤柱开采过程中,固体充填采煤上覆岩层中煤层上第 4 层岩层以下岩层出现了离层但没有出现垮落带,仅存在裂隙带和弯曲带;岩层整体以弯曲下沉为主,保持了连续性。按照上覆岩层的移动破坏特征将模拟开采过程分为两个阶段。

第一阶段(自始采线回收煤柱至距离始采线 125m 时):煤层上第 4 层岩层以下岩层经历了"稳定—产生离层和裂隙—离层和裂隙扩展"的过程,其变化过程如图 6-16 所示。当工作面推进到 70m 时,基本顶与上覆岩层之间出现轻微离层和

(a) 工作面推进至123m时

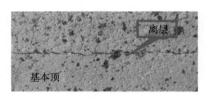

(b) 工作面推进57m

(c) 工作面推进90m

图 6-16　充实率为 60% 时第一阶段岩层移动破坏过程

微小裂隙；工作面推进到 123m 时，基本顶中的岩层离层进一步发育，裂隙继续发育并逐渐贯通，没有发生断裂和垮落。

　　第二阶段（工作面自 125m 推进到停采线）：随着工作面的推进，基本顶与上覆岩层之间的离层逐渐闭合；直至开挖结束，基本顶呈弯曲下沉趋势，没有出现垮落。其变化过程如图 6-17 所示。

(a) 工作面开采完成后上覆岩层移动变形破坏

(b) 基本顶离层发育区域局部放大

图 6-17　充实率为 60％时第二阶段岩层移动破坏过程

开挖完毕后，模型的覆岩移动变形云图如图 6-18 所示

图 6-18　充实率为 60％时采后覆岩移动变形云图

　　2）下沉规律分析

　　根据基本顶中距离始采线回收煤柱 50m、100m、150m 处的位移计记录的数值绘制对应测点处的基本顶下沉速度如图 6-19 所示。

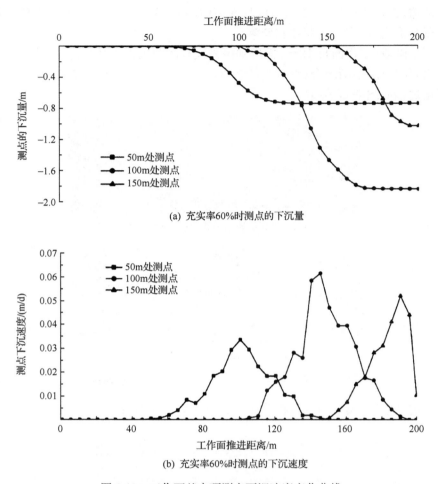

(a) 充实率60%时测点的下沉量

(b) 充实率60%时测点的下沉速度

图 6-19　工作面基本顶测点下沉速度变化曲线

由图 6-19 可知,上覆岩层的下沉速度经历了"缓慢—逐渐增大到峰值—快速减少—趋于稳定"的过程。具体描述如下。

(1) 距离始采线 50m 处的测点:当工作面回收煤柱推进到 70m 时下沉速度开始快速增长,推进到 100m 时测点处岩层下沉速度达到峰值,最大下沉速度达到 33mm/d,推进到 137m 以后下沉速度趋近于 0。

(2) 距离始采线 100m 处的测点:当工作面回收煤柱推进到 120m 时下沉速度即开始快速增长,推进到 148m 时测点处岩层下沉速度达到峰值,最大下沉速度达到 65mm/d,推进到 180m 以后下沉速度开始减缓。

(3) 距离始采线 150m 处的测点:当工作面回收煤柱推进到 170m 时下沉速度

开始快速增长,推进到 190m 时候测点处岩层下沉速度达到峰值,最大下沉速度达到 58mm/d。

6.3.5　充实率为 80%时覆岩移动破坏特征

1) 覆岩移动变形特征分析

充实率为 80%时,上覆岩层保持了整体的连续性,在整个充填回收房式煤柱过程中,岩层未出现垮落带,仅出现了裂隙带和弯曲下沉带,其范围较小且主要存在于基本顶及其上方一层岩层范围之内,如图 6-20 所示。距离始采线 105m 处,基本顶出现轻微离层和微小裂隙;距离始采线 200m 处,基本顶出现的离层已经被重新压实闭合。

(a) 工作面推进105m

(b) 工作面推进200m

图 6-20　充实率为 80%时岩层移动破坏过程

开挖完毕后,模型的覆岩移动变形云图如图 6-21 所示。

图 6-21　充实率为 80%时采后上覆岩层移动变形云图

2）下沉规律分析

充实率为 80% 的模型中设计在基本顶中距离始采线 50m、100m、150m 处的位移计记录的数值绘制的下沉速度如图 6-22 所示。

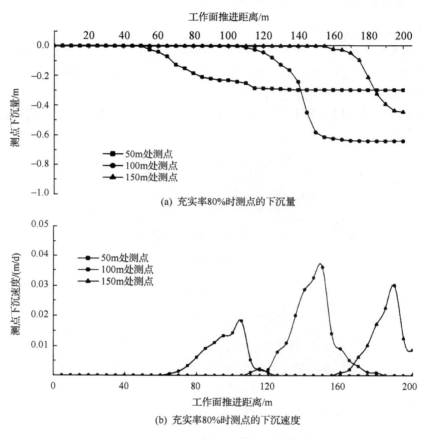

(a) 充实率80%时测点的下沉量

(b) 充实率80%时测点的下沉速度

图 6-22　工作面基本顶测点下沉速度变化曲线

由图 6-22 可知，上覆岩层的下沉速度同样经历着"缓慢—逐渐增大到峰值—快速减少—趋于稳定"的过程，具体分析如下。

（1）距离始采线 50m 处的测点：当工作面推进到 75m 时下沉速度开始快速增长，推进到 105m 时候下沉速度达到峰值，最大下沉速度达到 18.4mm/d，推进到 110m 时下沉速度变缓。

（2）距离始采线 100m 处的测点：当工作面推进到 125m 时下沉速度即开始快速增长，推进到 150m 时候下沉速度达到峰值，最大下沉速度达到 36.7mm/d，推进到 175m 时下沉速度变缓。

（3）距离始采线 150m 处的测点：当工作面推进到 175m 时下沉速度开始快速增长，推进到 192m 时候下沉速度达到峰值，最大下沉速度达到 30.1mm/d。

6.3.6　不同充实率覆岩移动变形破坏特征对比分析

1）上覆岩层移动规律对比分析

由上覆岩层移动破坏变形特征的分析知，随着充实率的提高，上覆岩层的移动破坏从"产生离层—产生裂隙—最终破断"型逐步变为"整体性弯曲下沉"型，当充实率达到 80% 之后，裂隙的扩展未波及关键层，上覆岩层下沉量随着充实率的提高而减小，同时接近煤层的岩层下沉量最大，随着远离煤层，上覆岩层下沉量逐渐减小，如图 6-23 所示。

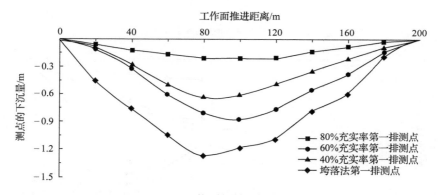

(a) 第一排测点最终下沉量

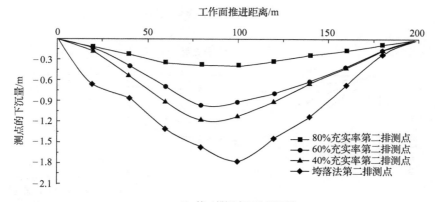

(b) 第二排测点最终下沉量

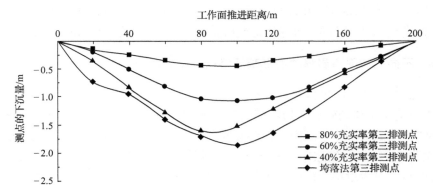

(c) 第三排测点最终下沉量

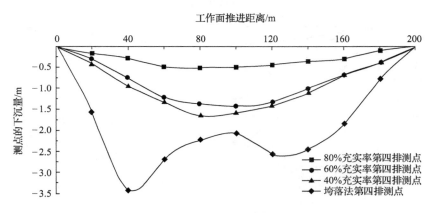

(d) 第四排测点最终下沉量

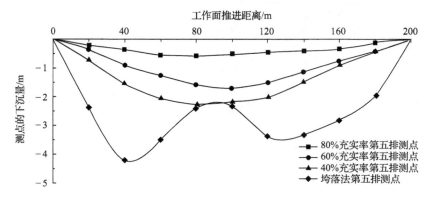

(e) 第五排测点最终下沉量

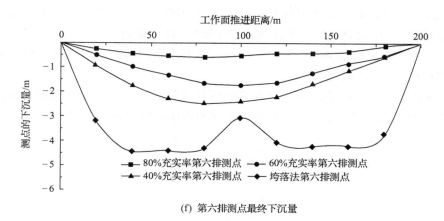

(f) 第六排测点最终下沉量

图 6-23　不同充实率每排测点最终下沉量对比

由图 6-23 可知,充实率 80％第一排测点最大下沉量与充实率 60％、40％、0％的模型相比分别下降 66.2％、73％、84.6％,充实率 80％第六排测点最大下沉量相比分别下降 25％、48％、95％。

2) 下沉规律对比分析

通过不同充实率下固体充填回收煤柱房式采场上覆岩层下沉速度变化特征的分析得出:与普通垮落法开采类似,充填回收房式煤柱采场上部覆岩岩层移动速度也经历了从"缓慢—逐渐增大—达到峰值—逐渐减少—最终稳定"的过程,但由于充填体的弹性支撑作用,其最大下沉速度增长较为平缓,而不是以陡增的形式出现。

(1) 随着充实率的提高,上覆岩层下沉速度呈减小趋势,如垮落法开采时基本顶 100m 处的测点下沉速度的峰值为 2.22m/d,充实率为 40％、60％、80％时下沉速度分别是 262.2mm/d、61mm/d、36mm/d,说明工作面的矿压显现强度随着充实率的提高逐渐减弱。

(2) 随着充实率的提高,上覆岩层下沉速度的峰值点呈现逐渐滞后的现象,如基本顶中距离始采线 50m 处的测点,充实率为 0 时,工作面推过该位置 6m 后下沉速度开始快速增长;当充实率为 40％时,工作面推过该位置 10m 后测点处下沉速度开始快速增长;当充实率为 60％时,距离增加至 20m;当充实率为 80％时,距离达到了 25m。即工作面的矿压显现的时间随着充实率的提高逐渐滞后。

(3) 随着充实率的提高,上覆岩层的稳定性逐渐提高,如设置在基本顶中150m 处的测点监测数据显示,当普通垮落法开采时,上覆岩层下沉速度较快的时间对应工作面自 160m 推进到 195m 处,对应推进距离为 35m;当充实率为 40％时,上覆岩层下沉速度较快的时间对应工作面自 165m 推进到 185m 处,对应推进距离为 20m;充实率为 60％时上覆岩层下沉速度较快的时间对应工作面自 170m

推进到 185m 处,对应推进距离为 15m;当充实率为 80%,上覆岩层下沉速度较快的时间对应工作面自 175m 推进到 185m 处时,对应推进距离为 10m,较充实率 60%时上覆岩层下沉的时间缩短了 20%。即工作面的围岩变形破坏的持续时间随充实率的提高而减少。

　　由上述分析可知,充实率的提高不仅可减少上覆岩层的下沉量,同时可大幅度减缓上覆岩层的下沉速度,大大减弱了工作面的矿山压力显现强度。

第7章 固体充填回收房式煤柱围岩稳定性分析

7.1 模型的建立及方案设计

7.1.1 数值分析模型建立

本节以榆林地区 A 矿房式开采工作面的工程地质条件为模拟条件,用 FLAC[3D]数值模拟软件[206-212]模拟研究了固体充填回收房式遗留煤柱围岩稳定性。建立如图 7-1 所示的数值计算力学模型,模型两侧约束水平方向位移,底部约束垂直方向位移,采用莫尔-库伦模型,模型上方施加 1.1MPa 的均布载荷。

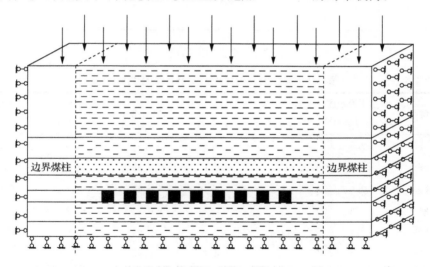

图 7-1 数值计算力学模型

基本模型长×宽×高为 256m×239.5m×51.5m,一共建模 9 列煤柱,每列有 8 个煤柱,煤柱尺寸为 9m×9m×4.5m,煤房宽为 7.5m,综合考虑到计算精度及计算时间的因素,对煤层附近岩层进行网格细化,模型共划分为 327 888 个单元、347 738 个节点,三维模型的网格划分如图 7-2 所示。模型的几何构成及各个岩层的物理力学参数见表 7-1。

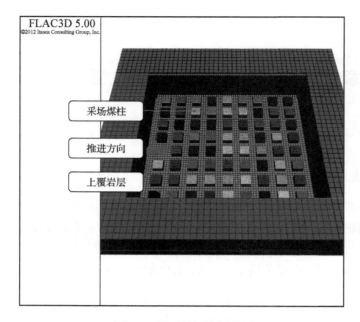

图 7-2　模型的网格剖分图

表 7-1　模型的几何构成及材料的物理力学参数

岩层	自然干燥密度 $\rho_c/(10^3\,\mathrm{kg/m^3})$	弹性模量 E/GPa	抗拉强度 σ_t/MPa	泊松比 μ	粘聚力 C/MPa	内摩擦角 $\varphi/(°)$
粉砂岩	2.5	23	4.8	0.31	1.3	38
细砂岩	2.7	26	6.1	0.29	1.5	26
粉砂岩	2.6	28.8	8.3	0.28	1.4	22.1
煤层	1.3	14.1	2.5	0.33	1.2	18.1
粉砂岩	2.1	14.5	2.3	0.25	0.8	29.9
中粒砂岩	2.7	26	6.1	0.29	1.5	26

7.1.2　模拟方案设计

垮落法与固体充填回收房式煤柱顶板的稳定性可通过超前支护进行加强,而采场煤柱的稳定性则是确保整个采场回收房式煤柱的关键,一旦发生大面积煤柱群失稳,将会引发顶板灾害,严重影响安全回收煤柱。故为了研究不同工作面长度及不同充实率对回收煤柱时围岩稳定性,拟进行 3 组数值模拟,具体模拟方案见表 7-2。

表 7-2　数值模拟方案

序号	研究目标	开采与充填方案	监测内容
1	不同垮落法工作面长度与推进距离对煤柱稳定性的影响	同时开采单行、双行至六行煤柱，工作面每次推进 1 个煤柱，直至推进完 9 个煤柱	煤柱内部应力与塑性区分布
2	不同充实率对顶板及煤柱稳定性的影响	充填工作面长度为两行煤柱，充实率分别为 30%、50%、70%、80%、90%	
3	不同充填工作面长度对顶板及煤柱稳定性的影响	充填工作面充实率为 80%，充填工作面长度从一行变至六行煤柱	

7.1.3　煤柱安全应力与临界充实率设计

1. 煤柱稳定性

根据该矿煤柱遗留尺寸和第 2 章煤柱强度理论，将相关地质参数代入，可得到煤柱的极限强度，见表 7-3。

表 7-3　煤柱的极限强度

计算公式	Obert-Duvall	Holland-Gaddy	Bieniawaki	Salamaon-Munro
极限强度/MPa	28.31	34.52	31.50	23.58

由表 7-3 可知，Holland-Gaddy 公式计算得到的煤柱极限强度值最大，其次分别是 Bieniawaki 公式与 Obert-Duvall 公式，Salamaon-Munro 公式计算得到的榆林地区 A 矿煤柱极限强度值最小，综合考虑一定安全因素，选取 23.58MPa 为煤柱的极限强度。

根据第 2 章煤柱极限强度理论公式(2-20)对煤柱失稳进行判别，为保证固体充填回收房式煤柱的安全性，选取安全系数为 2.0，当煤柱安全应力 11.79MPa时，可保证在固体充填回收房式煤柱过程中煤柱不发生失稳破坏，可安全进行煤柱的回收。

2. 充实率设计

根据第 5 章式(5-18)，并考虑充分采动影响，选取推进距离为 150m，计算得到不同充实率下煤柱应力值如图 7-3 所示。

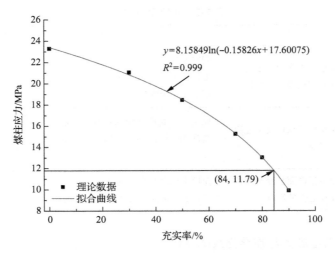

图 7-3　煤柱应力随充实率变化规律

将计算得到的不同充实率下煤柱应力值进行拟合,得到拟合方程为

$$\sigma = 8.16\ln(-0.16\varphi + 17.6) \tag{7-1}$$

根据拟合方程式(7-1),当煤柱强度为 11.79MP 时,得出该矿充填充实率为 84%。

7.2　二次非充填采动影响条件下采场煤柱稳定性分析

房式开采破坏了煤岩体原有的应力状态,在煤柱支撑作用下形成新的平衡结构,当房式开采煤柱被进一步回收时,以煤柱为主的支撑结构将受到二次应力影响而进一步变形失稳,本节研究二次非充填采动影响下采场围岩稳定性,主要为不同工作面长度下受影响区域内煤柱稳定性。

7.2.1　煤柱应力分布

1. 开采 1 列煤柱

垮落法管理顶板回收房式遗留煤柱工作面,开采 1 列煤柱时,不同工作面长度下采场周围煤柱应力分布云图与三维云图如图 7-4 和图 7-5 所示。

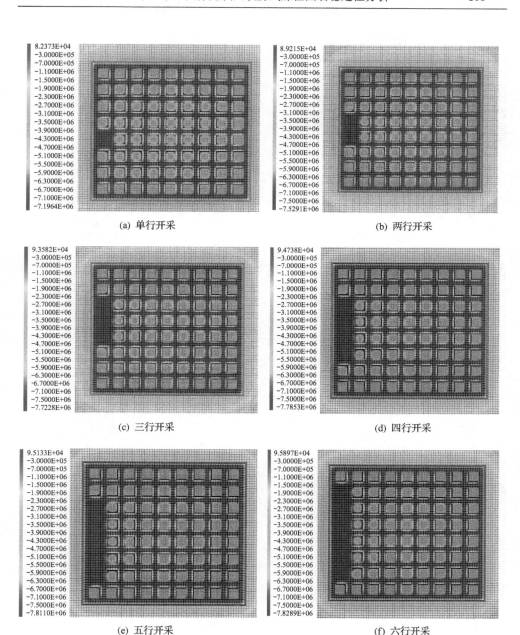

图 7-4 开采 1 列煤柱时采场周围煤柱应力分布云图

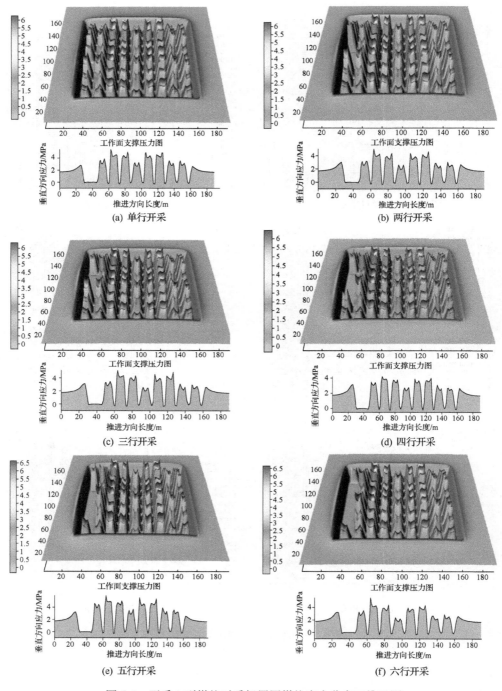

图 7-5　开采 1 列煤柱时采场周围煤柱应力分布三维云图

　　由图 7-4 和图 7-5 可知,当工作面推进 1 列煤柱,单行至六行开采时,采场周围煤柱应力峰值分别为 7.2MPa、7.5MPa、7.72MPa、7.79MPa、7.81MPa、7.83MPa,采场前方及侧向煤柱支撑压力分布均为"马鞍形"状态,由煤柱稳定性判别标准可知,推进 1 列煤柱时采场周围煤柱稳定较好。

　　2. 开采 3 列煤柱

　　当开采 3 列房式遗留煤柱时,采场周围煤柱应力分布云图与三维云图如图 7-6 和图 7-7 所示。

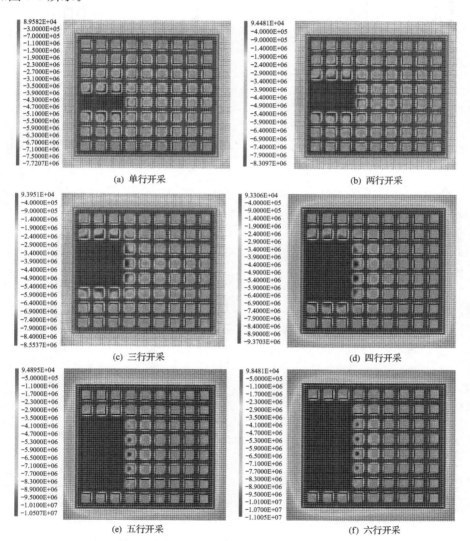

图 7-6　开采 3 列煤柱时采场周围煤柱应力分布云图

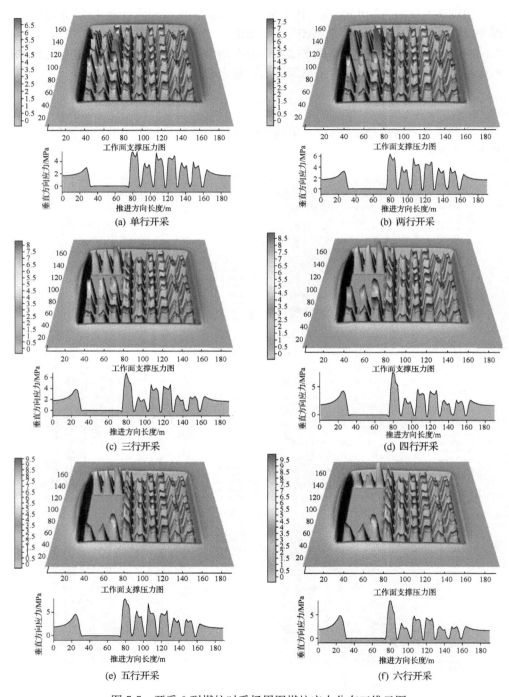

图 7-7　开采 3 列煤柱时采场周围煤柱应力分布三维云图

由图 7-6 和图 7-7 可知。

（1）单行至六行开采时，采场周围煤柱应力峰值分别为 7.72MPa、8.31MPa、8.55MPa、9.37MPa、10.51MPa、11MPa。

（2）同时开采单行、双行煤柱时，采场前方及侧向煤柱支撑压力分布为"马鞍形"状态，采场周围煤柱较为稳定。

（3）同时开采三行、四行煤柱时，采场前方第一列煤柱应力分布基本呈"平台形"形态，其他区域煤柱应力呈"马鞍形"分布，采场前方第一列的煤柱受采动影响较大。

（4）同时开采五行、六行煤柱时，采场前方第一列煤柱其应力分布基本呈"拱形"形态，采场前方第一列煤柱受采动影响较大，处于失稳的极限状态。

3. 开采 5 列煤柱

当开采 5 列房式遗留煤柱时，采场周围煤柱应力分布云图与三维云图如图 7-8 和图 7-9 所示。

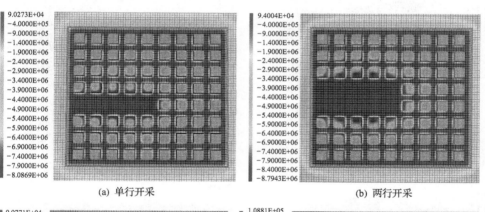

(a) 单行开采　　　　　　　　　　　　(b) 两行开采

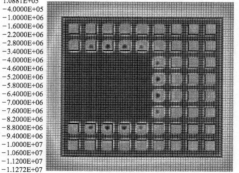

(c) 三行开采　　　　　　　　　　　　(d) 四行开采

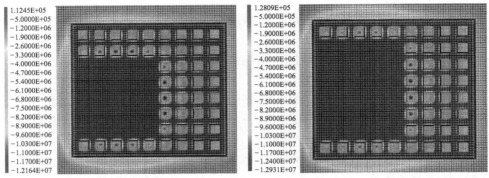

(e) 五行开采　　　　　　　　　　　　(f) 六行开采

图 7-8　开采 5 列煤柱时采场周围煤柱应力分布云图

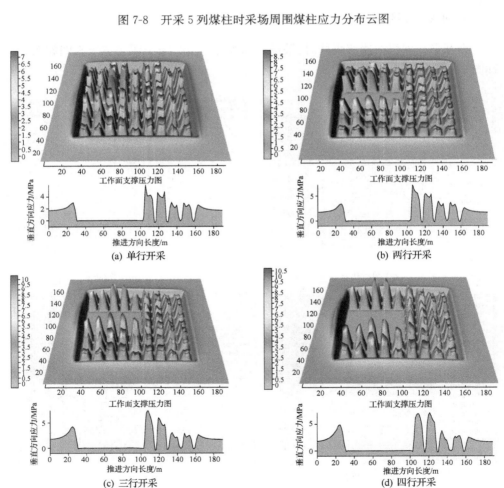

(a) 单行开采　　　　　　　　　　　　(b) 两行开采

(c) 三行开采　　　　　　　　　　　　(d) 四行开采

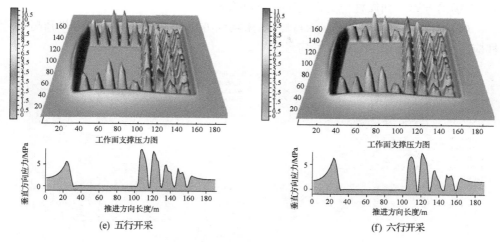

(e) 五行开采　　　　　　　　　　　　(f) 六行开采

图 7-9　开采 5 列煤柱时采场周围煤柱应力分布三维云图

由图 7-8 和图 7-9 可知。

(1) 单行至六行开采时,采场周围煤柱应力峰值分别为 8.1MPa、8.8MPa、10.6MPa、11.27MPa、12.16MPa、12.93MPa。

(2) 同时开采单行与双行煤柱时,采场前方第一列的煤柱应力分布基本呈"平台形",应力分布形态发生变化,稳定性开始变差,采场其他区域煤柱支撑压力分布为"马鞍形"状态。

(3) 同时开采三行煤柱时,采场前方第一个煤柱,其应力分布完全呈"拱形"形态,采场前方第一列煤柱稳定性较差。

(4) 同时开采四至六行煤柱,采场前方两列煤柱应力剧增,应力向煤柱内部转移,煤柱应力分布为"拱形"形态,其稳定性较差。

4. 开采 7 列煤柱

当开采 7 列房式遗留煤柱时,采场周围煤柱应力分布云图与三维云图如图 7-10 和图 7-11 所示。

由图 7-10 和图 7-11 可知。

(1) 单行开采、双行开采至六行开采时,采场周围煤柱应力峰值分别为 8.2MPa、9.9MPa、11.8MPa、12.68MPa、13.41MPa、13.54MPa。

(2) 同时开采单行与双行煤柱时,采场前方第一列的煤柱应力分布基本呈"拱形",采场其他区域煤柱支撑压力分布均为"马鞍形"状态,采场前方第一列煤柱受采动影响,煤柱稳定性继续变差。

(3) 同时开采三行煤柱时,采场前方第一个煤柱,其应力分布完全呈"拱形"形态,采场前方第一列煤柱应力向内部转移并升高。

（4）同时开采四行、五行、六行煤柱,采场前方两列煤柱向内部转移并升高,煤柱应力分布为"拱形"形态,其稳定性较差。

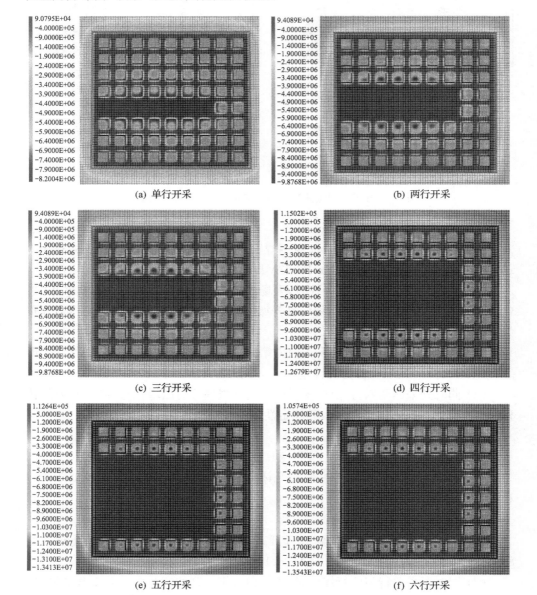

图 7-10　开采 7 列煤柱时采场周围煤柱应力分布云图

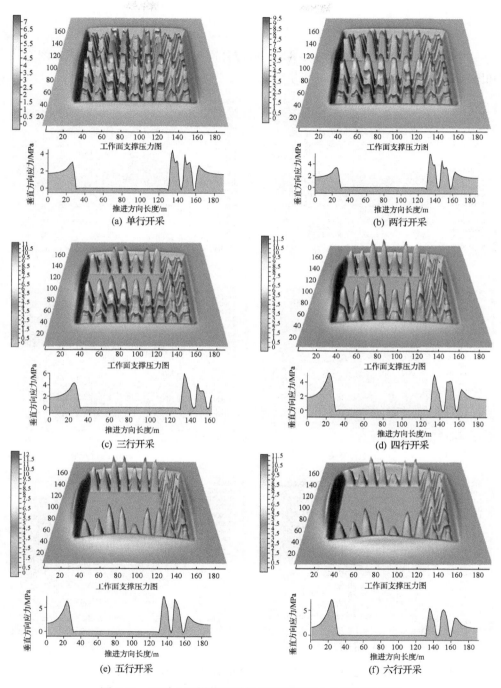

图 7-11 开采 7 列煤柱时采场周围煤柱应力分布三维云图

5. 开采 9 列煤柱

当开采 9 列房式遗留煤柱时,采场周围煤柱应力分布云图与三维云图如图 7-12 和图 7-13 所示。

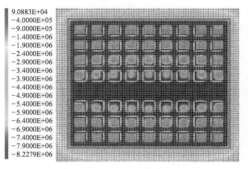
(a) 单行开采

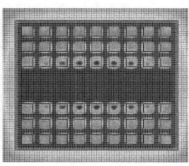
(b) 两行开采

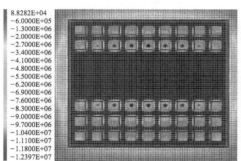
(c) 三行开采

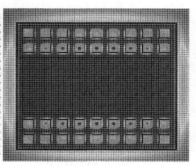
(d) 四行开采

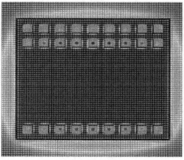
(e) 五行开采

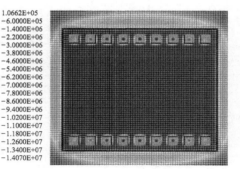
(f) 六行开采

图 7-12　开采 9 列煤柱时采场周围煤柱应力分布云图

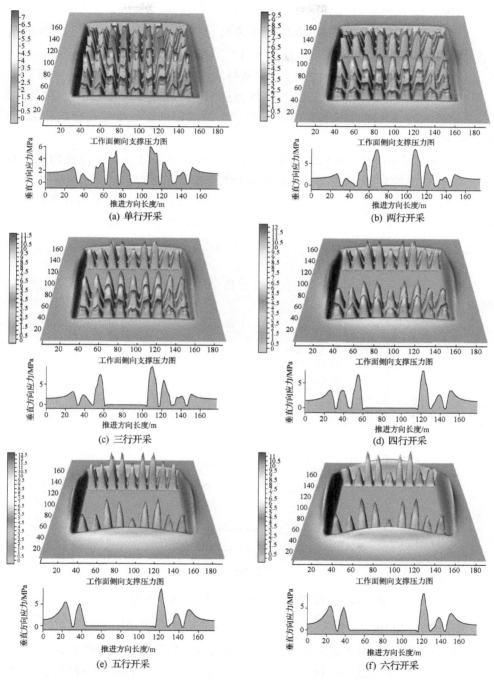

图 7-13　推进 9 个煤柱时应力分布三维云图及侧向超前支撑压力

由图 7-12 和图 7-13 可知。

（1）单行开采、双行开采至六行开采时，采场周围煤柱应力峰值分别为 8.2MPa、10.3MPa、12.4MPa、13.53MPa、14.1MPa、14.2MPa。

（2）同时开采单行煤柱时，采场侧向两行的煤柱应力分布基本呈"马鞍形"。

（3）同时开采双行、三行煤柱时，采场侧向两行煤柱支撑压力分布为"拱形"状态，其他区域的煤柱应力分布基本呈"马鞍形"，采场侧向煤柱受采动影响较大，稳定性较差。

（4）同时开采四行、五行、六行煤柱，采场侧向两列煤柱应力向煤柱内部转移并增加，煤柱应力分布为"拱形"形态，稳定性较差。

（5）随着工作面推进完 9 个煤柱，单行开采至六行开采时，采场周围煤柱应力峰值增幅分别为 10.6%、12.4%、14.4%、46.8%、47.2%、3.4%。

6. 对比分析

将不同工作面长度时，对应不同煤柱推进个数下应力峰值画出曲线变化图，如图 7-14 所示。

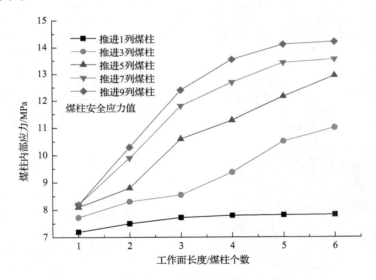

图 7-14　受采动影响下不同工作面长度煤柱应力峰值

由图 7-14 可知。

（1）工作面长度与推进距离越大，采场周边煤柱内部应力峰值越大。

（2）当工作面长度为一行、二行煤柱时，采场周边煤柱内部应力峰值均小于煤柱安全应力值，可继续安全回收煤柱。

（3）当工作面长度为三行煤柱，推进 7 列煤柱时，采场周边煤柱内部应力峰值已经接近煤柱安全应力峰值，煤柱有可能会发生破坏，当推进到 9 列煤柱时，采场周边煤柱内部应力峰值已经超过煤柱安全应力峰值，煤柱将会发生失稳破坏。

（4）当工作面长度为四行煤柱，推进 7 列煤柱时，采场周边煤柱内部应力峰值已经超过煤柱安全应力峰值，采场周边煤柱将发生失稳破坏。

（5）当工作面长度为五行、六行煤柱时，推进 6 列煤柱时，采场周边煤柱内部应力峰值已经超过煤柱安全应力峰值，采场周边煤柱将发生失稳破坏。

7.2.2　煤柱塑性区分布

1. 开采 1 列煤柱

当采用垮落法开采回收 1 列房式遗留煤柱时，其采场周围煤柱塑性区分布如图 7-15 所示。

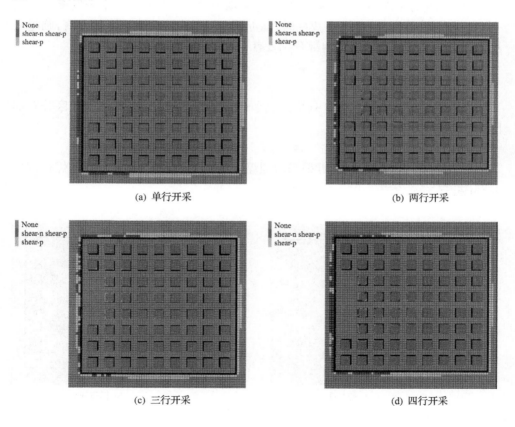

(a) 单行开采　　　　　　　　　　　　　　(b) 两行开采

(c) 三行开采　　　　　　　　　　　　　　(d) 四行开采

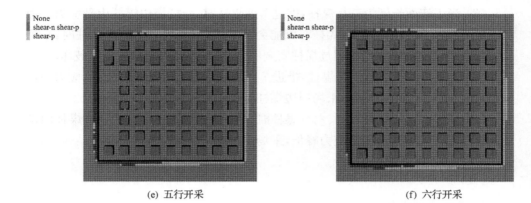

(e) 五行开采   (f) 六行开采

图 7-15 开采 1 列煤柱时采场周围煤柱塑性区发育程度

当工作面开采 1 列煤柱时,由图 7-15 可知。

(1) 同时开采单行、双行煤柱时,临近采场周围煤柱塑性区基本未发育。

(2) 同时开采三行至六行煤柱时,临近采场周围煤柱塑性区开始发育,临近采场前方第一列煤柱塑性区向内部分别发育 0.8m、0.8m、0.9m、1m 左右。

2. 开采 3 列煤柱

当采用垮落法开采回收 3 列房式遗留煤柱时,其采场周围煤柱塑性区分布如图 7-16 所示。

当工作面开采到 3 列煤柱时,由图 7-16 可知。

(1) 单行开采煤柱时,临近采场周围煤柱塑性区开始发育,只发育到煤柱四周 0.8m 左右。

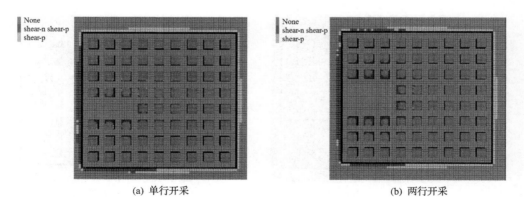

(a) 单行开采   (b) 两行开采

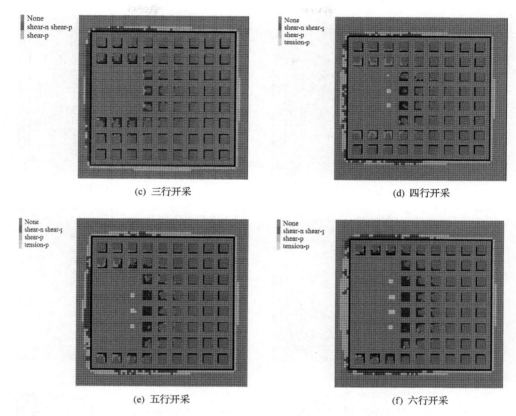

(c) 三行开采　　　　　　　　　　　　　　　(d) 四行开采

(e) 五行开采　　　　　　　　　　　　　　　(f) 六行开采

图 7-16　开采 3 列煤柱时采场周围煤柱塑性区发育程度

（2）双行至四行开采煤柱时，临近采场周围煤柱塑性区继续发育，范围开始扩大到周边第二列煤柱，临近采场的第一列煤柱塑性区向内部分别发育 1.8m、3.2m、4.1m 左右，第二列煤柱一侧塑性区分别发育 1m、2m、2.1m 左右。

（3）五行至六行开采煤柱时，临近采场周围煤柱塑性区继续发育，工作面前方第一列分别有 3 个、4 个煤柱塑性区基本发育完全，第二列煤柱靠近采场一侧塑性区分别发育 2.5m、2.7m 左右。

3. 开采 5 列煤柱

当采用垮落法开采回收 5 列房式遗留煤柱时，其采场周围煤柱塑性区分布如图 7-17 所示。

当工作面开采到 5 列煤柱时，由图 7-17 可知。

（1）单行开采煤柱时，临近采场周围煤柱塑性区继续发育，发育到煤柱四周 1.4m 左右。

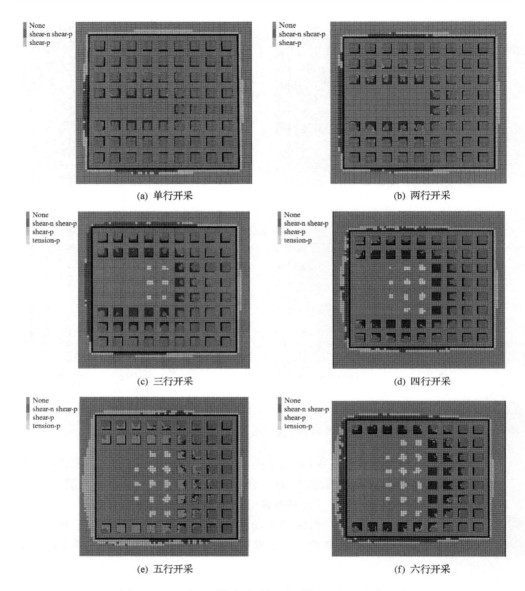

(a) 单行开采

(b) 两行开采

(c) 三行开采

(d) 四行开采

(e) 五行开采

(f) 六行开采

图 7-17 开采 5 列煤柱时采场周围煤柱塑性区发育程度

(2) 双行至三行开采煤柱时,临近采场的第一列煤柱塑性区向内部分别发育 2.3m、4.2m 左右,第二列煤柱只有靠近采场一侧塑性区分别发育 1.3m、2m 左右。

(3) 四行至六行开采煤柱时,工作面前方第一列分别有 4 个、5 个、6 个煤柱塑性区基本发育完全,靠近采场两侧的煤柱分别有 8 个、8 个、6 个煤柱塑性区已发育完全,第二列煤柱靠近采场一侧塑性区分别发育 2.3m、2.7m、5.1m 左右。

4. 开采 7 列煤柱

当采用垮落法开采回收 7 列房式遗留煤柱时，其采场周围煤柱塑性区分布如图 7-18 所示。

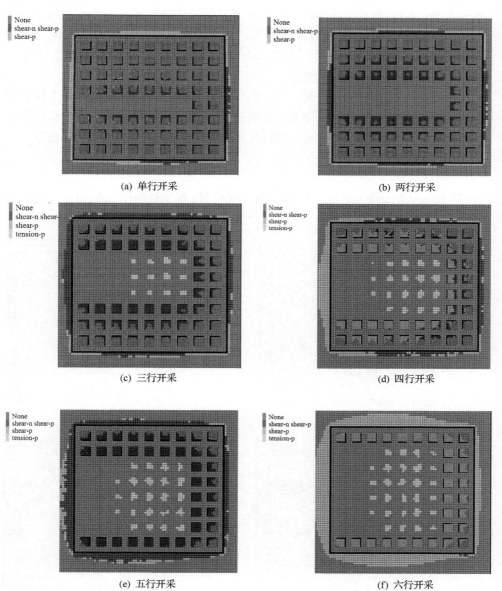

(a) 单行开采　　　　　　　　　　　　　(b) 两行开采

(c) 三行开采　　　　　　　　　　　　　(d) 四行开采

(e) 五行开采　　　　　　　　　　　　　(f) 六行开采

图 7-18　开采 7 列煤柱时采场周围煤柱塑性区发育程度

当工作面开采到 7 列煤柱时,由图 7-18 可知。

(1) 单行开采煤柱时,临近采场周围煤柱塑性区继续发育,发育到煤柱四周 1.8m 左右。

(2) 双行至三行开采煤柱时,临近采场的第一列煤柱塑性区向内部分别发育 3.3m、4.5m 左右,靠近采场两侧的第二列煤柱塑性区分别发育 1.3m、2.1m 左右。

(3) 三行开采煤柱时,临近采场的第一列煤柱塑性区向内部发育 4.5m 左右, 第二列煤柱靠近采场一侧塑性区发育 2.1m 左右,靠近采场两侧的煤柱有 12 个塑性区已经发育完全,煤柱破坏严重。

(4) 四行至六行开采煤柱时,工作面前方第一列分别有 4 个、5 个、6 个煤柱塑性区基本发育完全,靠近采场两侧的煤柱分别有 12 个、14 个、14 个煤柱塑性区已发育完全,第二列煤柱靠近采场一侧塑性区分别发育 2.5m、2.8m、6.8m 左右。

5. 开采 9 列煤柱

当采用垮落法开采回收 9 列房式遗留煤柱时,其采场周围煤柱塑性区分布如图 7-19 所示。

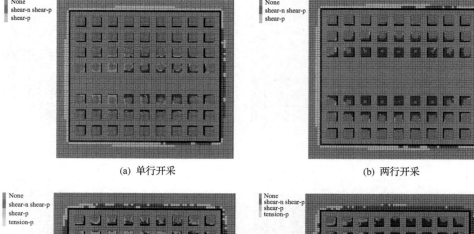

(a) 单行开采　　　　　　　　　　　　　　(b) 两行开采

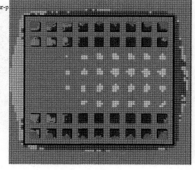

(c) 三行开采　　　　　　　　　　　　　　(d) 四行开采

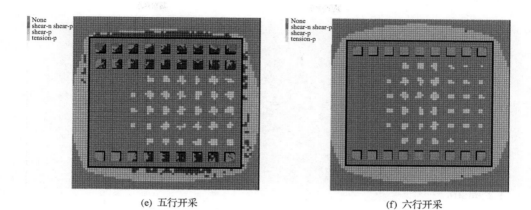

(e) 五行开采　　　　　　　　　　　(f) 六行开采

图 7-19　开采 9 列煤柱时采场周围煤柱塑性区发育程度

当工作面开采到 9 列煤柱时,由图 7-19 可知。

(1) 单行开采煤柱时,临近采场两侧煤柱塑性区继续发育,发育到煤柱四周 2.1m 左右。

(2) 双行开采煤柱时,临近采场两侧的第一行煤柱分别有 8 个、14 个、20 个、25 个、20 个塑性区基本发育完全,靠近采场两侧的第二列煤柱塑性区分别发育 2.2m、4.2m、5.3m 左右。

7.3　不同充实率条件下煤柱稳定性分析

采空区充实率直接影响着采场围岩稳定性,通过改变采空区充实率,分析不同充实率条件下,煤柱的应力与塑性区分布特征,为固体充填回收房式开采煤柱的工程设计提供理论依据。

7.3.1　煤柱应力分布

1. 充实率为 30%

当采用充填回收两行房式遗留煤柱,充实率为 30%时煤柱应力分布云图如图 7-20 所示。

当工作面充实率为 30%时,由图 7-20 可知。

(1) 双行开采煤柱应力峰值为 8.8MPa,相比充实率为 0%应力峰值,应力峰值减小 14.6%。

(2) 采场侧向两行的煤柱应力分布基本呈"拱形"状态,采场侧向煤柱受采动影响较大,稳定性较差。

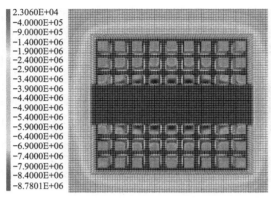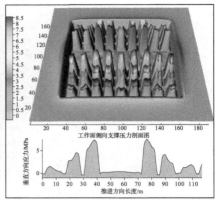

(a) 垂直应力分布云图　　　　　　　　　　(b) 侧向支撑压力分布

图 7-20　充实率为 30％时煤柱应力分布

2. 充实率为 50％

当采用充填回收两行房式遗留煤柱,充实率为 50％时煤柱应力分布云图如图 7-21 所示。

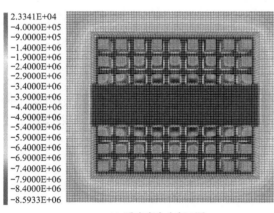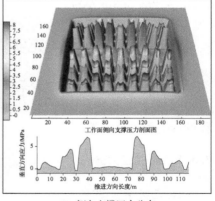

(a) 垂直应力分布云图　　　　　　　　　　(b) 侧向支撑压力分布

图 7-21　充实率为 50％时煤柱应力分布

当工作面充实率为 50％时,由图 7-21 可知。

（1）双行开采煤柱应力峰值为 8.6MPa,相比充实率为 0 应力峰值,应力峰值减小 16.5％。

（2）采场侧向两行的煤柱应力分布基本呈"拱形"状态,采场侧向煤柱受采动影响减小,但煤柱稳定性依然较差。

3. 充实率为 70%

当采用充填回收两行房式遗留煤柱,充实率为 70% 时煤柱应力分布云图如图 7-22 所示。

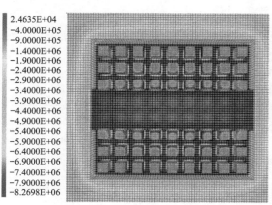
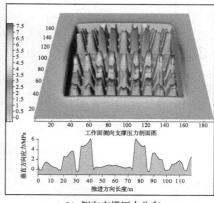

(a) 垂直应力分布云图　　　　　　　　　(b) 侧向支撑压力分布

图 7-22　充实率为 70% 时煤柱应力分布

当工作面充实率为 70% 时,由图 7-22 可知。

(1) 双行开采煤柱应力峰值为 8.3MPa,相比充实率为 0% 应力峰值,应力峰值减小 19.4%。

(2) 采场侧向两行的煤柱应力分布基本呈“平台形”状态,采场侧向煤柱受采动影响减小,煤柱稳定性较好,但是靠近采场一侧煤柱应力较高。

4. 充实率为 80%

当采用充填回收两行房式遗留煤柱,充实率为 80% 时煤柱应力分布云图如图 7-23 所示。

当工作面充实率为 80% 时,由图 7-23 可知。

(1) 双行开采煤柱应力峰值为 7.75MPa,相比充实率为 0% 应力峰值,应力峰值减小 25.1%。

(2) 采场侧向的煤柱应力分布基本呈“马鞍形”状态,采场侧向煤柱受采动影响较小,煤柱稳定性较好。

5. 充实率为 90%

当采用充填回收两行房式遗留煤柱,充实率为 90% 时煤柱应力分布云图如图 7-24 所示。

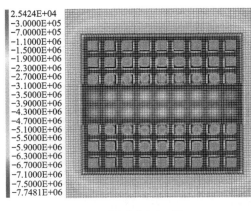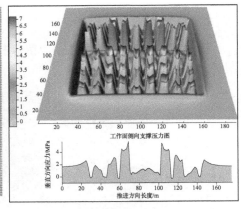

(a) 垂直应力分布云图　　　　　　　　(b) 侧向支撑压力分布

图 7-23　充实率为 80% 时煤柱应力分布

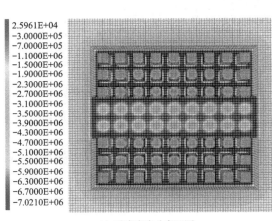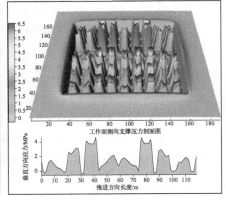

(a) 垂直应力分布云图　　　　　　　　(b) 侧向支撑压力分布

图 7-24　充实率为 90% 时煤柱应力分布

当工作面充实率为 90% 时，由图 7-24 可知。

（1）双行开采煤柱应力峰值为 7.05MPa，相比充实率为 0% 应力峰值，应力峰值减小 31.4%。

（2）采场侧向的煤柱应力分布全部呈"马鞍形"状态，采场侧向煤柱受采动影响较小，煤柱稳定性较好。

7.3.2　煤柱塑性区分布

当同时回收两行房式遗留煤柱时，不同充实率下煤柱塑性区分布云图如图 7-25 所示。

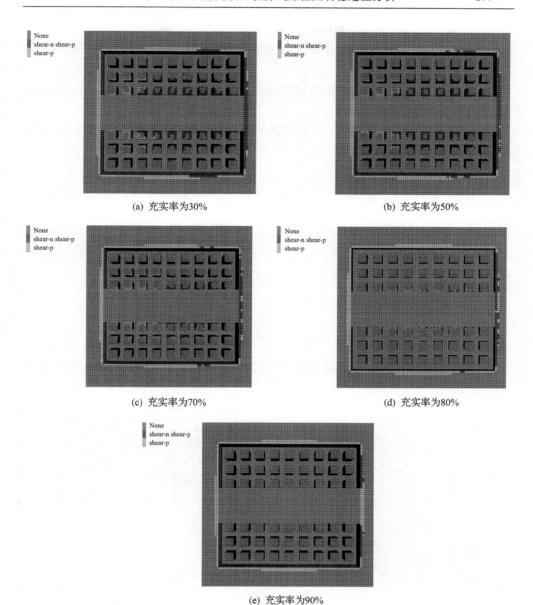

(a) 充实率为30%　　　　　　　　　　(b) 充实率为50%

(c) 充实率为70%　　　　　　　　　　(d) 充实率为80%

(e) 充实率为90%

图 7-25　不同充实率下采场周边煤柱塑形区分布范围云图

当工作面同时开采两行煤柱时,由图 7-25 可知。

(1) 充实率为 30％时,临近采场两侧煤柱塑性区发育充分,向煤柱内部发育 4m 左右,煤柱破坏范围广。

(2) 充实率为 50％时,临近采场两侧煤柱塑性区依然发育充分,向煤柱内部发育 3m 左右。

（3）充实率为 70% 时，临近采场两侧煤柱塑性区发育范围减小，向煤柱内部发育 2m 左右。

（4）充实率为 80% 时，临近采场两侧煤柱塑性区发育 0.8m 左右，煤柱破坏程度较小。

（5）充实率为 90% 时，临近采场两侧煤柱塑性区基本未发育，煤柱稳定性较好。

7.4　不同充填工作面长度条件下采场煤柱稳定性分析

基于充实率条件下煤柱和顶板应力特征分析，研究在充实率为 80% 条件下，不同充填工作面长度条件下煤柱应力与塑性区分布状态，从而进一步确定固体充填回收房式开采煤柱工作面的合理参数。

7.4.1　煤柱应力分布

1. 充填工作面长度为一行煤柱

当充实率为 80%，充填工作面长度为一行煤柱时，煤柱应力分布状态如图 7-26 所示。

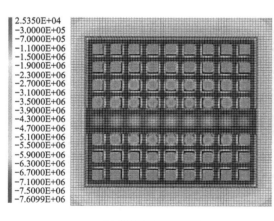
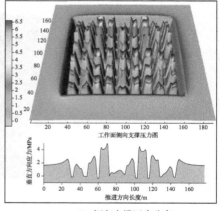

（a）煤柱应力分布云图　　　　　　　　　　（b）侧向支撑压力分布

图 7-26　同时推进一行煤柱应力分布云图

由图 7-26 可知。

（1）当工作面同时推进一行煤柱时，煤柱应力峰值为 7.6MPa，相比充实率为 0% 的应力峰值，应力峰值减小 7.6%。

（2）采场侧向的煤柱应力分布全部呈"马鞍形"状态，采场周围煤柱稳定性较好，未发生破坏。

2. 充填工作面长度为两行煤柱

当充实率为 80%，充填工作面长度为两行煤柱时，煤柱应力分布状态如图 7-27 所示。

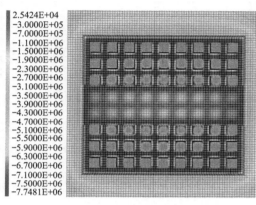

(a) 煤柱应力分布云图

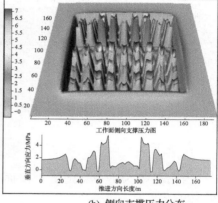

(b) 侧向支撑压力分布

图 7-27 同时推进两行煤柱应力分布云图

由图 7-27 可知。

（1）当工作面同时推进两行煤柱时，煤柱应力峰值为 7.74MPa，相比充实率为 0% 的应力峰值，应力峰值减小 25.1%。

（2）采场侧向的煤柱应力分布全部呈"马鞍形"状态，采场周围煤柱稳定性较好，未发生破坏。

3. 充填工作面长度为三行煤柱

当充实率为 80%，充填工作面长度为三行煤柱时，煤柱应力分布状态如图 7-28 所示。

由图 7-28 可知。

（1）当工作面同时推进三行煤柱时，煤柱应力峰值为 7.81MPa，相比充实率为 0% 的应力峰值，应力峰值减小 37%。

（2）采场侧向的煤柱应力分布基本呈"马鞍形"状态，采场侧向一行煤柱受采动影响较大，其他区域煤柱稳定性较好。

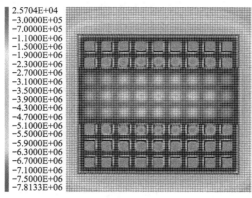 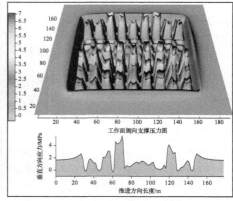

(a) 煤柱应力分布云图　　　　　　　　　　(b) 侧向支撑压力分布

图 7-28　同时推进三行煤柱应力分布云图

4. 充填工作面长度为四行煤柱

当充实率为 80%，充填工作面长度为四行煤柱时，煤柱应力分布状态如图 7-29 所示。

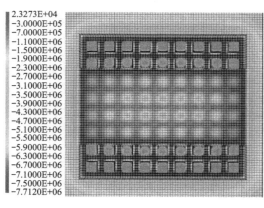 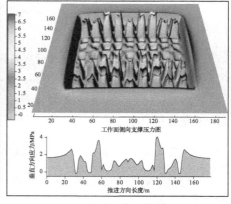

(a) 煤柱应力分布云图　　　　　　　　　　(b) 侧向支撑压力分布

图 7-29　同时推进四行煤柱应力分布云图

由图 7-29 可知。

(1) 当工作面同时推进四行煤柱时，煤柱应力峰值为 7.71MPa，相比充实率为 0% 的应力峰值，应力峰值减小 42.9%。

(2) 采场侧向一侧的煤柱应力分布基本呈"平台形"状态，采场侧向第一行煤柱受采动影响较大，其他区域煤柱稳定性较好。

5. 充填工作面长度为五行煤柱

当充实率为 80％，充填工作面长度为五行煤柱时，煤柱应力分布状态如图 7-30 所示。

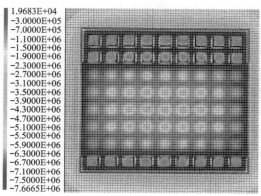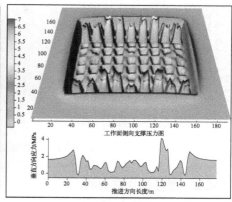

　　　　(a) 煤柱应力分布云图　　　　　　　　　　(b) 侧向支撑压力分布

图 7-30　同时推进五行煤柱应力分布云图

由图 7-30 可知。

（1）当工作面同时推进四行煤柱时，煤柱应力峰值为 7.67MPa，相比充实率为 0％的应力峰值，应力峰值减小 46％。

（2）采场侧向一侧的煤柱应力分布基本呈"平台形"状态，采场侧向第一行煤柱受采动影响较大，其他区域煤柱稳定性较好。

6. 充填工作面长度为六行煤柱

当充实率为 80％，充填工作面长度为六行煤柱时，煤柱应力分布状态如图 7-31 所示。

由图 7-31 可知。

（1）当工作面同时推进两行煤柱时，煤柱应力峰值为 7.32MPa，相比充实率为 0％的应力峰值，应力峰值减小 48.5％。

（2）采场侧向的煤柱应力分布基本呈"平台形"状态，采场侧向第一行煤柱受采动影响较大，稳定性较差。

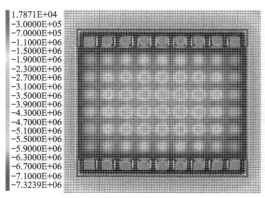
(a) 煤柱应力分布云图

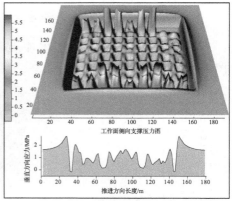
(b) 侧向支撑压力分布

图 7-31　同时推进六行煤柱应力分布云图

7.4.2　煤柱塑性区分布

当充实率为 80％时,不同推进距离下煤柱塑性区分布状态如图 7-32 所示。

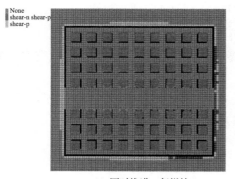
(a) 同时推进一行煤柱

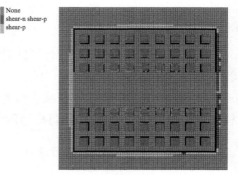
(b) 同时推进两行煤柱

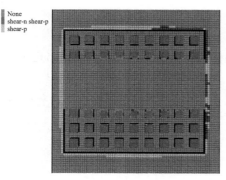
(c) 同时推进三行煤柱

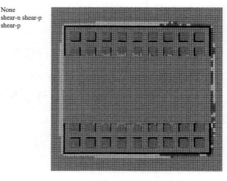
(d) 同时推进四行煤柱

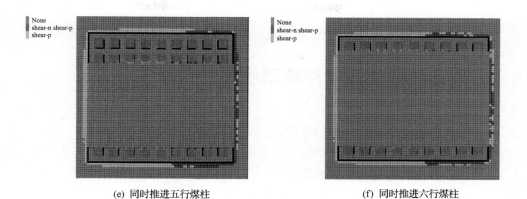

(e) 同时推进五行煤柱　　　　　　　(f) 同时推进六行煤柱

图 7-32　不同充填工作面长度下煤柱塑性区分布

由图 7-32 可知。

（1）当工作面同时推进一行煤柱，采场周边煤柱塑性区基本未发育，煤柱未受到采动扰动破坏。

（2）当工作面同时推进两行至六行煤柱，采场周边煤柱塑性区开始发育，临近采场两侧塑性区发育充分，临近采场的第一行煤柱塑性区向内部发育 1.3m 左右，第二行煤柱塑性区基本未发育。

第8章 固体充填回收房式煤柱工程设计

8.1 机械化抛料充填回收房式煤柱工程设计

8.1.1 矿井概况与地质采矿条件

1. 矿区概况

榆林地区 A 矿位于陕北神府矿区海湾井田西南部,该矿于 1989 年 4 月建成投产,井田面积 1.41km²,设计生产能力为 0.15Mt/a,服务年限为 32 年,现开采煤层为 5-2 煤层,煤层平均厚度为 5.87m,地质储量为 683 万 t,可采储量为 492 万 t。长期房式炮采导致矿井煤炭资源采出率低,遗留呆滞煤柱严重,为了进一步延长矿井服务年限,需对房式开采煤柱进行二次回收,由于该矿区具有充足的风积沙充填材料,因此,采用了抛料充填回收房式煤柱方法。

2. 采矿地质条件

1) 基本概况

矿区位于鄂尔多斯台向斜宽缓东翼北部——陕北斜坡上。区内无岩浆活动,断层稀少,构造简单。地层为缓缓西倾的大单斜构造,倾角为 1°左右。

2) 煤层赋存条件

矿区内主采 5-2 煤层。该煤层在煤矿(整合区)南、北、东部边缘地带该煤层自燃,只在煤矿(整合区)中部该煤层正常。正常区煤层底板标高为 1030~1060m,厚度为 4.00~6.63m,平均厚度 5.87m,煤层厚度变化不大,规律性明显,结构简单,含一层夹矸,夹矸厚度一般在 0.55~0.70m。可采面积约为 1.6080km²,面积可采率为 69.1%;该煤层在煤矿内埋藏最深约 134.48m,最浅为 83.21m,平均111.96m;属较稳定型煤层。

3) 顶底板条件

5-2 煤层直接顶板主要为粉砂岩,基本顶主要为中粗粒砂岩及细砂,厚度较大、层理不明显的粉砂岩,顶板属中等坚硬稳定型顶板。底板以泥岩、粉砂岩为主。煤层地质综合柱状图如图 8-1 所示。

地层单位		层厚/m	柱状 1：500	煤层编号	岩石名称	岩性简述
统	组					
侏罗纪中统	延安组	17.1			粉砂岩	灰色薄层状粉砂岩，夹细粒砂岩薄层，缓波状层理，层面见有植物碎屑化石
		4.2			细粒砂岩	灰白色细粒长石石英砂岩，加粉砂岩薄层，含白云母碎片及暗色矿物，含炭屑
		4.5			粉砂岩	灰色薄层状粉砂岩，由炭质纹层显示缓波状层理，层面见有植物碎屑化石
		1.7			细粒砂岩	灰白色中厚层状细粒长石石英砂岩，含白云母片及暗色矿物，由炭质纹层显示缓波状层理，部分变形层理
		4.61			粉砂岩	灰色薄层状粉砂岩，由炭质纹层显示缓波状层理，层面见有植物碎屑化石
		5.87		5-2 煤		以半暗煤占优，部分半亮煤，属特低灰、特低硫、特低磷、高热值富油煤，煤类为不黏煤 31 号，夹矸：炭质泥岩，夹矸厚度一般在 0.55~0.70m
		1.26			粉砂岩	灰色薄层状粉砂岩，缓波状及变型层理，层面见有植物碎屑化石
		0.87		煤		
		3.93			粉砂岩	灰色薄层状粉砂岩，夹细粒砂岩薄层，局部呈互层状，缓波状层理及部分变形层理
		6.80			中粒砂岩	灰白色中厚层状中粒长石石英砂岩，含白云母碎片及暗色矿物，颗粒呈次棱角状，由炭质纹层显示波状及斜层理，见有粉粒岩包裹体

图 8-1　煤层地质综合柱状图

3. 煤柱分布情况

1）煤柱分布情况

该矿井下开采方式为房式采煤法，用房间煤柱支撑上覆岩层，落煤方式采用钻眼爆破方式，其开采后井下煤柱分布情况如图 8-2 所示。

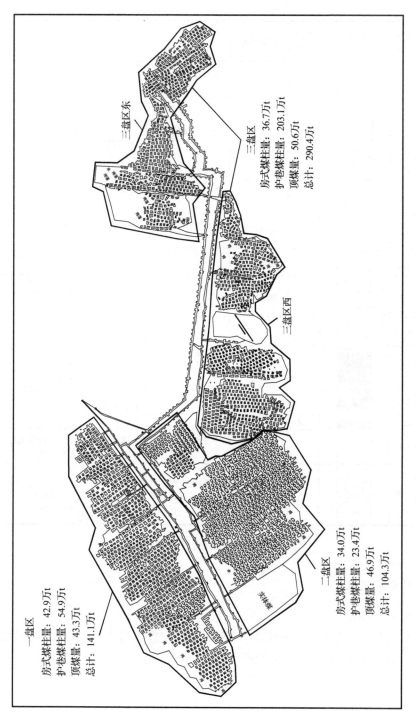

一盘区

房式煤柱量: 42.9万t
护巷煤柱量: 54.9万t
顶煤量: 43.3万t
总计: 141.1万t

二盘区

房式煤柱量: 34.0万t
护巷煤柱量: 23.4万t
顶煤量: 46.9万t
总计: 104.3万t

三盘区东

三盘区西

三盘区

房式煤柱量: 36.7万t
护巷煤柱量: 203.1万t
顶煤量: 50.6万t
总计: 290.4万t

图 8-2 榆林地区 A 矿井下煤柱分布

2）煤柱稳定性情况

由井下现场实测和调研可知,井下绝大部分煤柱保存完整,稳定性较好,局部区域由于煤柱留设较小、顶煤较薄及留设时间长等原因,出现顶板垮落和煤柱片帮现象。

3）煤柱储量

榆林地区 A 矿井下共分为三个盘区,通过井下实际测量可知,一盘区和二盘区平均采高为 3.7m,顶煤平均留设厚度为 1.3m;三盘区东部平均采高为 4.1m,顶煤平均厚度为 0.9m,三盘区西部平均采高为 3.6m,顶煤平均厚度为 1.4m,如图 8-2 所示。

由井下煤柱实测煤柱分布图统计得榆林地区 A 矿煤矿总储量为 535.8 万 t,其中房式煤柱储量为 113.6 万 t,护巷煤柱储量为 281.4 万 t,顶煤储量为 140.8 万 t,见表 8-1。

表 8-1　榆林地区 A 矿井下煤柱储量统计表

区域	房式煤柱量/万 t	护巷煤柱量/万 t	顶煤量/万 t	总计/万 t
一盘区	42.9	54.9	43.3	141.1
二盘区	34.0	23.4	46.9	104.3
三盘区	36.7	203.1	50.6	290.4
总计/万 t	113.6	281.4	140.8	535.8

8.1.2　煤柱稳定性及充实率设计

根据 7.1 节中对该矿煤柱极限强度与临界充实率进行判定,得出该矿煤柱强度为 11.79MP,临界充实率为 84%。

8.1.3　抛料充填回收房式煤柱采场矿压显现分析

通过强度理论及现场地质条件得到该矿机械化抛投充填回收房式煤柱的临界充实率为 84%,考虑到现场煤柱赋存条件及充填采煤工艺等,确定工作面同时回收两行煤柱。

通过数值模拟研究抛投充填回收房式煤柱矿压显现规律可知,当充实率为 84%时,不同推进距离下工作面支承压力分布曲线如图 8-3 所示。

由图 8-3 可知。

（1）受采动影响下,工作面前方支承压力增高区影响范围为 3 列煤柱。

（2）当工作面推进 1 列至 7 列煤柱时,采场前方煤柱应力峰值分别为 6.21MPa、6.39MPa、6.58MPa、6.67MPa,前面分析垮落法开采应力峰值分别为

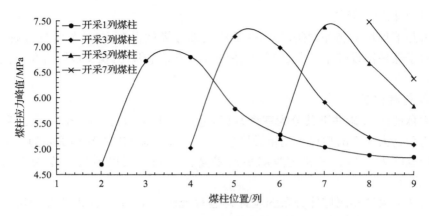

图 8-3　不同推进距离下工作面支承压力分布曲线

7.5MPa、8.31MPa、8.8MPa、9.9MPa,充填之后煤柱应力峰值最大减幅达 32.6%。

8.1.4　抛料充填采煤系统与装备

1. 抛料充填采煤系统

1) 抛料充填回收房式煤柱系统布置

根据该矿煤矿的实际条件,选择一盘区为首个充填回收采区,CT101 为首个充填回收工作面。CT101 充填回采工作面主要生产系统包括煤炭运输系统、充填充填材料运输系统、材料运输系统、通风系统等,其主要生产系统布置如图 8-4 所示。

a. 运煤系统

CT101 充填回采工作面→无轨胶轮车→CT101 充填回采工作面运输平巷→主运输大巷→主斜井。

b. 辅助运输系统

(1) 运输充填材料:充填材料堆放地→地面受料坑→地面带式输送机→垂直投料井→运料联络巷→主运输大巷→CT101 充填回采工作面运输平巷→工作面带式输送机→高速动力抛料机→CT101 充填回采工作面采空区。

(2) 运料:地面→辅助平硐→辅助运输大巷→主运输大巷→CT101 充填回采工作面回风平巷→CT101 充填回采工作面。

c. 通风系统

(1) 新鲜风流:新风由主、副斜井→主运输大巷→CT101 充填回采工作面运输平巷→CT101 充填回采工作面。

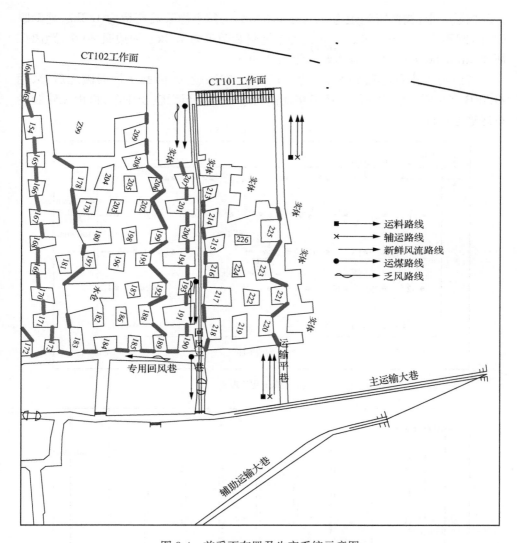

图 8-4　首采面布置及生产系统示意图

（2）污风风流：CT101 充填回采工作面→CT101 充填回采工作面回风平巷→专用回风巷→回风立井→地面。

2）抛料充填回收房式煤柱工艺

a. 炮采回收煤柱工艺

根据现场实测，残留煤柱的平均尺寸为 9m×9m，考虑到实际的爆破效果，机械化充填回收房式煤柱工作面一个煤柱分二次起爆，炮眼深度 4.5m，每次起爆破煤量为 520t，爆破炮眼布置如图 8-5 所示，爆破技术参数见表 8-2。其中：采用菱形直眼掏槽 4 个,掏槽眼间距为 200mm×340mm,每个炮眼装药量为 1.8kg;辅助眼 22 个,间距为 1000mm×1000mm,每个炮眼装药量为 1.2kg;周边眼 20 个,距离煤帮 300mm、500mm,每个炮眼装药量为 0.8kg。

考虑到房柱采空区煤房尺寸为 7m×9m,空间较大,因此房柱爆破之后,采用 ZL5FB 型矿用轮胎式防爆装载机将崩落的煤炭装载至无轨胶轮车,再由无轨胶轮车运输至地面。

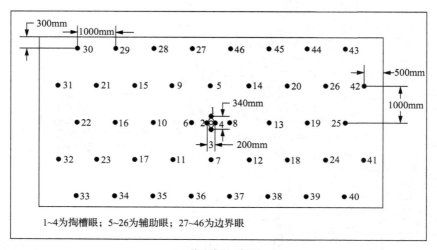

(a) 炮眼布置正视图

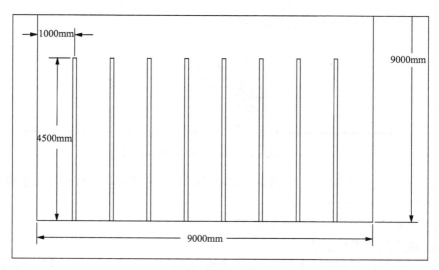

(b) 炮眼布置俯视图

图 8-5　机械化充填回收房式煤柱工作面炮眼布置图

表 8-2　爆破技术参数

眼号	炮眼名称	眼深/m	眼距/m	装药量		角度		联线方法	装药方法
				眼数/个	总重量/kg	水平	垂直		
1～4	掏槽眼	4.5	0.2×0.34	4	7.2(4×1.8)	75	90	串联	正向装药
5～26	辅助眼	4.5	1×1	22	26(22×1.2)	90	90	串联	
28～46	周边眼	4.5	0.3×1	20	16(20×0.8)	910	910	串联	

b. 充填材料及充填工艺

机械化充填炮采充填面所需要的充填材料通过带式输送机运输,再通过高速动力抛料机充填至采空区,达到充填采空区控制顶板的目的。

充填在工作面煤炭运输完之后进行,采用自下而上的充填顺序。充填原理:地面的充填材料经由投料系统及井下运输系统运至工作面,然后转运至高速动力抛料机,高速动力抛料机将充填材料抛投至采空区。充填工艺流程如下:

① 工作面炮眼爆破后,崩落下来的煤由铲车装运至无轨胶轮车后运至地面,当工作面的浮煤清理干净后,开始进行充填。

② 首先,依次打开地面运料带式输送机、工作面运料带式输送机、高速动力抛料机进行充填材料的运输,运输至工作面的充填材料由高速动力抛料机抛投至工作面采空区左侧区域,保证充填材料充分接顶。

③ 其次,当左侧区域接顶后,旋转高速动力抛料机,向采空区的右侧区域抛投物料;最后充填采空区的中间区域。

具体的充填工艺流程如图 8-6 所示。图 8-6(a)为爆破采煤之后装载机装煤、无轨胶轮车运煤的状态;图 8-6(b)、图 8-6(c)为向采空区左侧抛料充填的状态;图 8-6(d)为向采空区右侧抛料充填的状态;图 8-6(e)为抛料机向采空区中间抛料充填的状态;图 8-6(g)为进入下一个循环作业状态。

作业流程:炮采工艺落煤→装载机装煤→无轨胶轮车运煤→抛料机向左侧抛投充填材料→抛料机向右侧抛投充填材料→抛料机向中间抛投充填材料→前移超前液压支架及抛料机等设备→下一个循环。

2. 抛料充填采煤装备

1) 高速动力抛料机

该矿 CT101 机械化回收房式煤柱工作面长度达 26m,抛料机处于工作面中间巷对采空区进行充填,要求充填材料的抛射距离与高度要大(最大抛射充填距离达到 15m),才能充满整个采空区。高速动力抛料机具体技术参数见表 8-3。

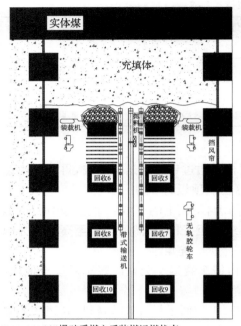

(a) 爆破采煤之后装煤运煤状态

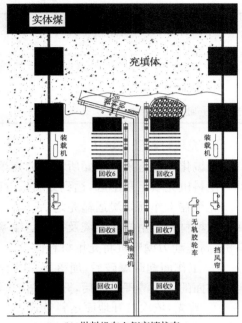

(b) 抛料机向左侧充填状态

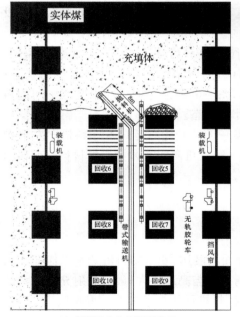

(c) 抛料机向左侧充填状态

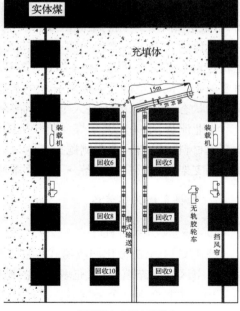

(d) 抛料机向右侧充填状态

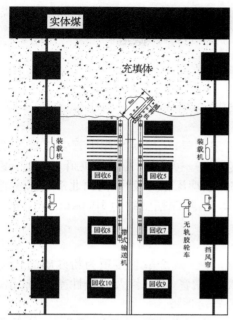
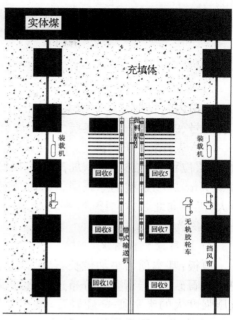

(e) 抛料机向中间侧充填矸状态　　　　　(f) 进入下一个充填循环状态

图 8-6　充填工艺流程图

表 8-3　CT101 工作面高速动力抛料机的技术参数

序号	名称	参数	序号	名称	参数
1	机身长度	8m	4	带速	6~8m/s
2	储带长度	8m	5	抛料距离	4~7 m
3	机身高度	1.2~1.4m	6	抛料角度	90°

2）其他配套设备的选型设计

机械化充填回收房式煤柱工作面需要爆破采煤、充填材料充填、工作面超前支护等工艺,还需要无轨胶轮车、风爆钻、单体液压支架、乳化液泵站、胶带运输机、移动变电站、组合开关、喷雾泵站,以及控制、通讯和照明系统等。

8.2　综合机械化充填回收房式煤柱工程设计

8.2.1　矿井概况与地质采矿条件

1. 矿区概况

榆林地区 B 矿位于榆林市榆阳区,1996 年建成投产,井田面积为 4.905km²,

地质储量 2856.2 万 t,设计生产能力 0.45Mt/a。矿井地质结构简单,产状平缓,煤质属特低灰、特低硫、特低磷、高发热量,为"三低一高"的环保煤。

2. 采矿地质条件

1) 煤层赋存情况

井田内含煤地层延安组共有 10～16 层煤,包括 3 号、4 号、4-1 号、5 号、6 号、7 号、8 号、9 号煤层,3 号煤层为主采煤层。

3 号煤层是井田内最上层埋藏最浅的可采煤层,呈层状赋存于延安组第三段顶部,层位稳定,结构简单,局部含一层厚度 0.09～0.60m 的泥岩夹矸,平均厚度为 5.35m,属稳定型的厚煤层。井田东南部煤层埋深相对较浅,向西北部埋深逐渐增大,煤层向北西方向缓倾,平均倾角约为 0.5°,降深幅度约为 10.04m/km,煤层平均埋深为 130m。

2) 煤层顶底板情况

顶板:基本顶为中细粒长石砂岩,厚为 4.48～33.2m;直接顶为粉砂质泥岩及中粒长石砂岩,岩石空间分布连续性好,裂隙不发育,富水性及渗透性差,为抗拉、抗压强度大的半坚硬-坚硬岩石,属 II 类中等冒落顶板。

底板:基本底为泥岩、粉砂岩;直接底为炭质泥岩,厚为 0.10～9.28m,分布稳定,结构简单,抗压强度大,不易造成底鼓现象。

3) 矿区水文地质情况

矿区地处陕北黄土高原与毛乌素沙漠的过渡地带,地表全部被第四系松散层覆盖,东南部呈黄土梁峁地形,其余地段为沙漠覆盖低丘地形,区内地势东高西低。地下水的形成、分布、水化学类型主要受上述地形地貌条件及地层岩性、地理环境综合制约。

区内地下水有第四系松散岩类孔隙孔洞潜水、中侏罗统风化带孔隙裂隙潜水和中侏罗统碎屑岩类孔隙裂隙承压水。

8.2.2　煤柱稳定性及充实率设计

1. 煤柱稳定性

根据该矿煤柱遗留尺寸 10m×8m×4.5m 和第 2 章煤柱强度理论,将相关地质参数代入,可得到煤柱的极限强度,见表 8-4。

表 8-4　煤柱的极限强度

计算公式	Obert-Duvall	Holland-Gaddy	Bieniawaki	Salamaon-Munro
极限强度/MPa	29.45	44.35	31.26	22.83

由表 8-4 可知,Holland-Gaddy 公式计算得到的煤柱极限强度值最大,其次分别是 Bieniawaki 公式与 Obert-Duvall 公式,Salamaon-Munro 公式计算得到该矿煤柱极限强度值最小,综合考虑一定安全因素,选取 22.83MPa 为煤柱的极限强度。

根据第二章煤柱极限强度理论公式(2-20)对煤柱失稳进行判别,为保证固体充填回收房式煤柱的安全性,选取安全系数为 2.0,当煤柱安全应力为 11.42MPa 时,可保证在固体充填回收房式煤柱过程中煤柱不发生失稳破坏,可安全进行煤柱的回收。

2. 充实率设计

根据第 5 章式(5-18),并考虑充分采动影响,选取推进距离为 150m,得到不同充实率下煤柱应力值如图 8-7 所示,当煤柱强度为 11.42MPa 时对应充实率为 87%,因此榆林地区 B 矿抛料充填充实率必须大于 87%。

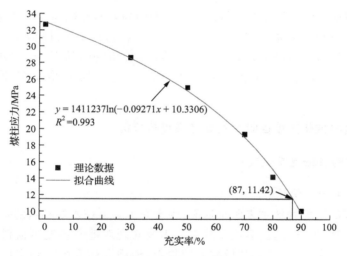

图 8-7 煤柱应力随充实率变化规律

8.2.3 固体充填回收房式煤柱采场矿压显现分析

通过 8.1 节强度理论得到该矿综合机械化充填回收房式煤柱的临界充实率为 87%,考虑到现场煤柱赋存条件及充填采煤工艺确定该矿工作面同时回收三行煤柱。

根据该矿现场煤柱预留尺寸大小及工作面上方钻孔柱状图,建立基本模型,数值计算得到当充实率为 87% 时,不同充填工作面推进距离下采场煤柱应力分布曲线如图 8-9 所示。

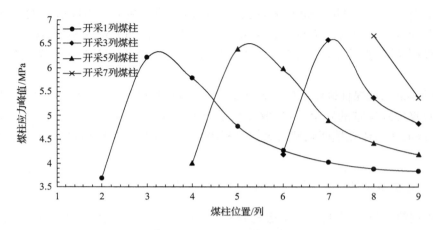

图 8-8　不同推进距离下工作面支承压力分布曲线

由图 8-8 可知。

（1）受采动影响下，工作面前方支承压力增高区影响范围为 3 列煤柱。

（2）当工作面推进 1 列至 7 列煤柱时，采场前方煤柱应力峰值分别为 6.79MPa、7.19MPa、7.38MPa、7.47MPa，前面分析垮落法开采应力峰值分别为 7.72MPa、8.55MPa、10.6MPa、11.8MPa，充填之后煤柱应力峰值最大减幅达 36.7%。

8.2.4　综合机械化充填回收房式煤柱系统与装备

1.充填物料输送系统设计

1）地面运输系统设计

首先，该矿充填物料主来源于地面，由于充填采煤技术对物料的强度、湿度、胶结度等有一定的要求，地面运输系统首先需要实现对地面各充填物料的合理配比与初步混合；其次，采用投料井投放充填物料，地面运输系统需要实现对成品物料由配料系统到投料井的运输转载功能。因此，确定地面运输系统设计基本要求如下：

（1）充填物料配比满足要求。根据充填采煤工作面对充填物料的强度要求以及充填体物理力学试验结果，确定合理的物料配比，配料系统应满足各物料定量给料和初步混合。

（2）雨雪风沙天气的用料问题。因风积沙、黄土露天堆积不能满足雨天、大风天用料要求，需要建立储料场，进行物料的存储，保证特殊天气下的物料供应。

（3）投料系统控制台电控装置设计时应有对地面运输系统整体控制自动、手动开机，自动、手动关机，当后续工作出现故障时能够紧急制动。

（4）系统输送能力应大于充填的最大能力。

a. 地面运输系统布置

设计地面充填站位于煤矿主斜井工业广场北侧，充填站主要包括储料场、给料坑、皮带走廊、地面投料控制室等，设计的充填物料地面运输系统布置如图 8-9 和图 8-10 所示。

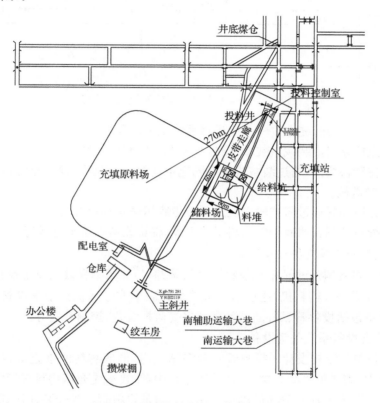

图 8-9　充填物料地面运输系统位置

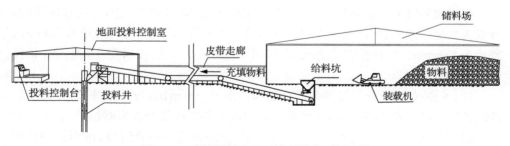

图 8-10　充填物料地面运输系统布置剖面图

b. 地面运输系统工艺流程设计

基于简单、高效、低故障率的原则和对运输系统的性能要求,设计充填物料地面运输系统工艺流程如图 8-11 所示。

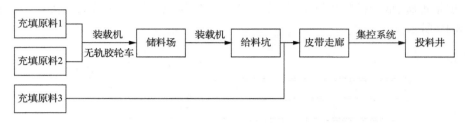

图 8-11　充填物料地面运输系统工艺流程

由图 8-11 可知,充填物料地面运输系统工艺流程如下:

(1) 充填原料由装载机装载,通过胶轮车运至储料场。

(2) 在储料场内,通过装载机将不同充填物料转载至给料坑,经给料机匀速给料至带式输送机。

(3) 充填物料通过带式输送机经皮带走廊运送至投料井口。

(4) 投料控制台精确控制物料平稳下投,保证投料系统平稳运行。

2) 充填物料垂直投料输送系统

地面充填物料运输至垂直投料输送系统井口,充填物料被投放至投料井,经缓冲装置缓冲后进入给料机,通过给料机放至井底带式输送机。垂直投料输送系统的主要设备包括投料管、缓冲装置、满仓报警监控装置、控制装置等。

a. 垂直投料系统关键设备选型

(1) 投料管结构设计。投料管安装在钻孔内,形成物料的垂直输送通道。在安装过程中,需要承受纵向拉力;在使用过程中,需要承受充填物料对管壁的冲击、冲蚀摩擦及外侧岩体对管体的围压作用。为保证投料管顺利安装并达到规定的使用年限,需要对其结构进行设计。

根据投料管需要达到的要求,结合其制造工艺,设计投料管为三层管状结构,分别为合金耐磨层、中间层和外层无缝钢管。投料管内外径规格:内径为 500mm,外径为 586mm。设计投料管总长度为 135m,共需 10m 长投料管 13 根,5m 长投料管 1 根。

(2) 缓冲装置设计。根据落料程度和冲击力分析情况,设计悬挂锥形缓冲器,即缓冲器悬挂于投料井下口,充填物料与缓冲器的直接接触面为圆锥曲面。

缓冲装置主要由锥形缓冲器、缓冲底座、缓冲弹簧和导轨组成,锥形缓冲器固定于缓冲底座上,缓冲底座与导轨套接连接,导轨上端焊接固定于投料管外壁。物料经投料管投放至缓冲装置,经锥形缓冲器缓冲与充填物料发生对撞,并且由此改变充填物料的运输方向,同时,对撞产生的动能被缓冲装置及其他设备逐级吸收,最终实现缓冲作用。缓冲机构在缓冲弹簧和充填物料的共同作用下实现反复缓冲和复原。

b. 垂直投料系统监控系统设计

充填物料是从地面通过投料井投至井下缓冲系统而后到井下运输系统中,为防止出现缓冲器给料口处堆积造成的堵管,保障投料工作的安全可靠,同时建立起井上和井下的联系,使井下充填物料在堆料时井上控制台能够及时停止供料,必须安装一套能够识别物料离投料井下料口的高度并能及时将信息传导到控制台的设备,即所谓报警系统,通过该系统实现投料工作的运行与停止的联动。

c. 充填物料井下输送系统

基于运输距离短、转运环节少的原则,充填物料经投料井投至井底给料机并转载至带式输送机上,经辅助运输大巷运输至各工作面。

2. 综合机械化充填回收房式煤柱生产系统优化布置

1) 工作面巷道布置

综合机械化充填回收房式煤柱工作面生产系统如图 8-13 所示。工作面巷道由回风平巷、运输平巷、运输大巷、辅运大巷和回风大巷构成。工作面一次性回收三排煤柱,各工作面之间留设一行煤柱作为工作面保护煤柱,在工作面回风平巷和运输平巷两侧煤柱间及工作面回采煤柱间均挂挡风帘构成工作面风路系统,工作面各平巷的主要功能如下:

回风平巷:工作面回风平巷主要负责工作面充填物料、设备、材料的运输及工作面的回风。

运输平巷:工作面运输平巷主要负责工作面的进风、运煤。

2) 工作面生产系统

如图 8-12 所示,工作面生产系统主要由运煤系统、通风系统、充填物料运输系统、辅助物料运输系统组成,各系统的路线如下。

运煤系统:工作面→运输平巷→运输大巷→井下输送系统→地面。

通风系统:地面新鲜风流→运输大巷(辅运大巷)→工作面运输平巷→工作面→工作面回风平巷→回风大巷→地面。

充填物料运输系统:充填物料地面加工系统→垂直投料系统→充填物料井下输送系统→辅运大巷→工作面回风平巷→工作面。

辅助物料运输系统:地面→井下输送系统→辅运大巷→工作面回风平巷→工作面。

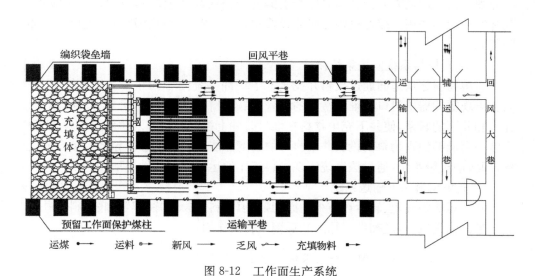

图 8-12　工作面生产系统

3. 综合机械化充填回收房式煤柱关键装备

1）工作面设备布置

工作面设备主要由采煤设备、充填设备和支护设备两部分组成,采煤设备主要有采煤机、刮板输送机和运煤带式输送机,充填设备主要有充填采煤液压支架、多孔底卸式输送机、充填物料转载机和充填物料带式输送机,支护设备主要为超前液压支架。采煤各设备均为常用设备,其功能在此不做详述,重点介绍各充填设备的主要功能。

充填采煤液压支架:主要用于支护工作面岩层,为采煤作业和充填作业提供作业空间,在其后顶梁下悬挂一多孔底卸式输送机,用于对充填物料的运输。

多孔底卸式输送机:主要用于充填物料的运输,在多孔底卸式输送机对应每个支架位置处布置有一卸料孔,用于充填物料向采空区的卸载。

充填物料转载机:用于充填物料从充填带式输送机向多孔底卸式输送机的转载。

充填物料带式输送机:主要用于充填物料在工作面的运输。

工作面设备布置图如图 8-13 所示。

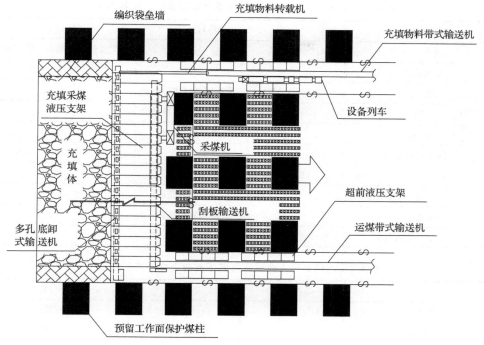

图 8-13　工作面设备布置图

2）关键设备选型与配套

结合该矿实际地质条件及生产充填工艺要求，多孔底卸式输送机选型为 SGB630/150，其基本参数见表 8-5，自移式充填材料转载输送机选型为 GSZZ-800/15 型，其基本参数见表 8-6，固体充填液压支架选型为 ZC14100/23/47，其主要参数见表 8-7，超前液压支架选型为 ZTC/20000/25/50，基本参数见表 8-8。

表 8-5　多孔底卸式输送机技术参数

名称	参数	名称	参数
型号	SGB630/150	额定电压	660V/1140V
设计长度	50m	减速器速比	24.44
出厂长度	50m	刮板链形式	边双链
输送量	250t/h	圆环链规格	Ø18×64-C
刮板链速	0.868m/s	链间距	500mm
电动机型号	DSB-75B	槽规格	1500mm×630mm×220mm
额定功率	2×75 kW	卸载方式	底卸
额定转速	1480r/min	紧链形式	闸盘紧链

表 8-6 GSZZ-800/15 型自移式充填材料转载输送机基本参数

项目		参数		项目	参数
转载输送机技术参数	电滚筒功率	15kw	配套胶带机参数	名称	双向运输可伸缩带式输送机
	电滚筒直径	φ500mm		型号	SSJ800/2×75 SX
	胶带宽度	800mm		前部调节架调整角度	9°
	带速	2.5m/s		后部调节架调整角度	9°
	输送量	500t/h		迈步自移行程	1000mm
	高度调整范围	2.2～4.5m		最大外形尺寸	6.5m×1.48m×1.86m
	最大外形尺寸	14m×1.48m×2.2m		重量	4.73t
	重量	13.5t	适用条件	巷道高度范围	3.0～4.5m
	接地比压	0.05		巷道宽度范围	≥2.5m
	迈步自移行程	1000mm			

表 8-7 六柱支撑式充填采煤液压支架基本技术参数表

项目	参数	项目	参数
支架型号	ZC14100/23/47	前顶梁立柱(4 根)	双伸缩
支架中心距	1750mm	后顶梁立柱(2 根)	双伸缩
支架高度	2300～4700mm	推移千斤顶(1 根)	倒装
支架宽度	1650～1850mm	护帮千斤顶(1 根)	普通
支架推移步距	600mm	伸缩梁千斤顶(2 根)	普通
支架初撑力	11622kN	前顶梁侧推千斤顶(2 根)	普通
支架工作阻力	14100kN	后顶梁侧推千斤顶(1 根)	普通
支护强度	0.97MPa	后刮板伸缩千斤顶(1 根)	普通
对底板比压	2.49MPa	一级压实千斤顶(2 根)	普通
泵站压力	31.5MPa	二级压实千斤顶(2 根)	普通
操作方式	本架操作	摆梁千斤顶(2 根)	普通
抬底千斤顶(1 根)	普通		

表 8-8 ZTC120000/25/50 超前液压支架主要技术参数

序号	名称	参数	序号	名称	参数
1	型式	ZTC120000/25/50	7	工作阻力	120000kN
2	高度(最低/最高)	2500/5000mm	8	对底板平均比压	1.67MPa
3	宽度(最小/最大)	3170/3702mm	9	支护强度	1.3MPa
4	立柱中心距	2980mm	10	泵站压力	31.5MPa
5	支护长度	20m(共三组)	11	控制方式	手动控制
6	初撑力	62069kN	12		

4. 综合机械化充填回收房式煤柱工艺设计

综合机械化固体充填回收房式煤柱工艺流程包括煤房加固工艺、采煤工艺和充填工艺,首先进行受开采影响的煤房加固,主要是指超前工作面 40m 范围内的煤柱,然后工作面进行煤柱开采,同时对工作面采空区进行充填。

1) 超前煤房加固

煤柱回收过程中采场矿压活动会对工作面超前应力影响范围内煤柱的稳定性产生影响,需要对采动影响区域煤房进行加固,设计采用单体液压支柱加铰接顶梁的加固形式对煤房进行加固,加固范围为超前工作面 40m 内。

随工作面对煤柱的开采推进,工作面超前煤房范围内同步进行超前支护,同时,在工作面割煤之前撤离工作面处的单体液压支柱。工作面煤房加强支护设计如图 8-14 所示。

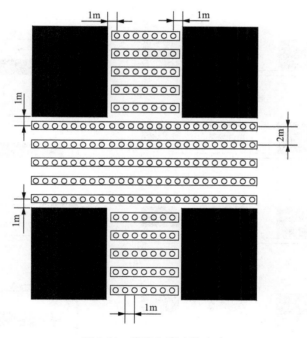

图 8-14　煤房加强支护方案

如图 8-14 所示,工作面前方超前支承应力峰值影响区域内采用单体液压支柱配合铰接钢梁进行加强支护,单个铰接顶梁的长度为 1m,单体支柱的间排距为 1000mm×2000mm。

单体液压支柱型号为 DW45-250/110X,支护高度为 2520～4500mm,工作阻力为 250kN,初撑力为 138kN,支护强度为 28.30MPa,重量为 111kg。铰接顶梁型号为 DJB1000/300,长度为 1000mm,许用载荷为 300kN,重量为 25kg。

2) 采煤工艺

工作面采用走向综合机械化采煤工艺。破煤设备采用截深为 0.8m 的双滚筒采煤机,开口从煤房进入。

采用采煤机双向割煤,追机作业;前滚筒割顶煤,后滚筒割底煤;采煤机过后先移架后推移刮板输送机。移架滞后采煤机后滚筒三架,推移刮板输送机滞后采煤机后滚筒 15m 左右。

采用工作面中部斜切进刀方式,如图 8-15 所示。

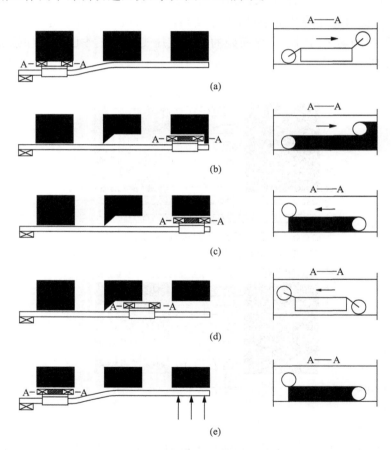

图 8-15　工作面中部斜切进刀方式

进刀过程如下。

(1) 当采煤机割至工作面左端头时,调换前后滚筒位置,在工作面左半段上行走空刀返回工作面中部煤柱位置,在输送机弯曲段切入煤壁斜切进刀,如图 8-15(a)所示。

(2) 采煤机在工作面右半段前滚筒割顶煤,后滚筒割底煤,直至工作面最右端,同时,左半段推移输送机,如图 8-15(b)所示。

(3) 左半段输送机移近煤壁,右半段采煤机在右端部停机,原割顶煤的滚筒降低,原割底煤的滚筒升高,反向割机身下的底煤,如图 8-15(c)所示。

(4) 采煤机在右半段下行走空刀返回工作面中部,如图 8-15(d)所示。

(5) 采煤机在输送机弯曲段切入煤壁进刀,在左半段前滚筒割顶煤,后滚筒割底煤,直至左端部,同时,右半段推移输送机,恢复到图 8-15(a)的状态。

工作面在开采时,随工作面推进,逐步对工作面前方煤房内的单体支柱进行撤离,同时对工作面超前范围 40m 处的煤房进行支护,工作面开采工序如图 8-16 所示。

如图 8-16 所示工作面开采工序流程图所示,工作面每排煤柱的具体开采工序可分为以下四个阶段。

(1) 首先,回收工作面第一排煤柱之间的单体支柱,并在工作面煤柱间挂挡风帘,工作面采煤机开始进刀,工作面欲开采第一排煤柱,如图 8-16(a)所示;

(2) 工作面开采完第一排煤柱之后,此时,工作面前方为 8m 宽的单体支护,同时,对工作面前方第四排煤柱处的煤房进行单体支护,如图 8-16(b)所示;

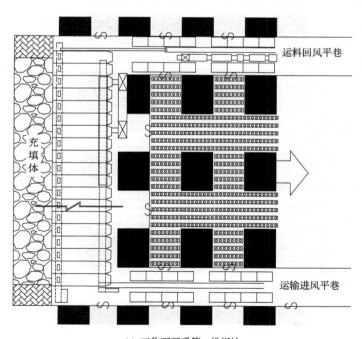

(a) 工作面开采第一排煤柱

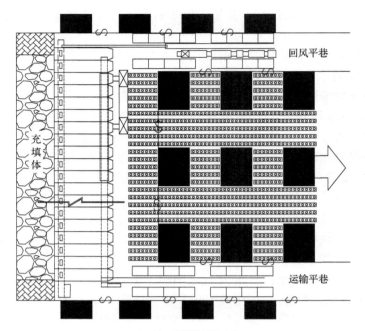

(b) 第一排煤柱回收完毕

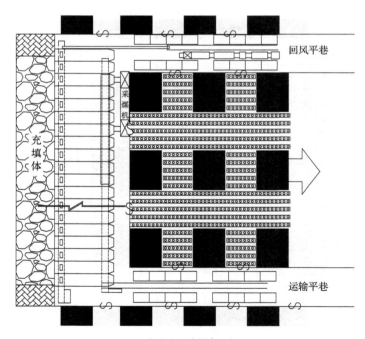

(c) 煤房内支柱撤离阶段

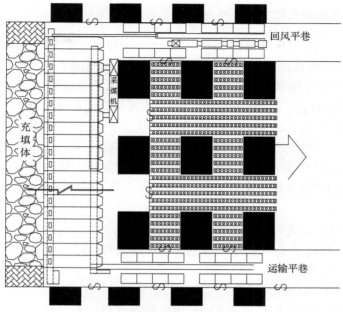

(d) 工作面开采第二排煤柱

图 8-16　工作面开采工序流程图

（3）工作面回收工作面处 8m 宽的单体支柱，同时，工作面液压支架、采煤机和刮板输送机等设备随单体支柱的回收逐步向前推移，如图 8-16(c)所示；

（4）此时，工作面设备推移至第二排煤柱处，工作面回收第二排煤柱之间的单体支柱，同时，在开采煤柱之间挂挡风帘，工作面准备对第二排煤柱进行回采，如图 8-16(d)所示。

（5）工作面对第二排煤柱进行回采，工作面的回采工艺同第一排的回采工艺，工作面不断循环此工艺向前推进，完成对整个工作面房式煤柱的回收。

3）充填工艺

a. 工作面采空区处充填工艺

工作面采空区处充填工艺详见 4.2.3 节。

b. 工作面两巷处充填工艺

工作面两巷处未布置充填液压支架，所以在工作面两侧平巷处，无法采用充填采煤液压支架完成充填，因此，设计采用编织袋垒墙的方式对工作面两侧平巷处进行充填，在编织袋内装入充填物料，采用人工的方式完成垒砌作业。这将实现整个工作面的有效充填，同时能保证工作面充填效果，整体提高工作面的充填质量。

5. 工作面加强支护方案设计

1）超前支承应力峰值影响区域工作面巷道加强支护方案

在回收房式煤柱以及进行采空区充填时，需要对充填工作面前方超前支承应力的影响范围进行加强支护。根据分析，超前支承压力峰值区域的影响范围为50m 左右，因此确定工作面超前 50m 范围之内采用超前液压支架进行加强支护。

ZTC120000/25/50 型超前液压支架无论从支护能力、支护高度、支护速度、自动化程度、可操作性、安全性等方面都能适应安全高效工作面对支护的要求，因此，设计并排 4 组 ZTC120000/25/50 超前液压支架对充填工作面两侧平巷进行加强支护，每组超前液压支架长度为 20m，超前液压支架之间间距为 3m，用来布置带式运输机。

2）工作面巷道支护方案

为保证工作面的安全生产，需要对工作面两侧巷道进行支护，设计工作面两巷支护方案如图 8-17 所示。

a. 锚杆规格参数

顶锚杆形式和规格：采用 Φ20mm 无纵筋螺纹钢锚杆，长度 2.4m。顶锚杆初锚力不低于 80kN，顶锚杆的预紧力矩不得低于 180N·m。

锚固方式：树脂锚固，每孔使用 1 根 K2335 和 1 根 Z2360 树脂锚固剂。

锚杆布置：间排距为 1000mm×1000mm，顶板打 10 排锚杆，最外 1 排到巷帮的距离为 500mm。靠近巷帮的锚杆安设角度与垂直方向成 10°夹角，其余 5 根垂直顶板。

托盘规格：顶锚杆托盘规格为 150mm×150mm×10mm。

顶板网片规格：Φ4mm×80mm 焊接方格网；长×宽＝7m×1.2m；网片相互压茬 100mm，每 300mm 用 14♯双股铁丝扎牢。

b. 锚索规格参数

顶锚索形式和规格：锚索采用 Φ17.8mm 的钢绞线，长度为 7.3m，锚深 7m，垂直顶板，锚索预紧力不低于 150kN。

锚固方式：树脂加长锚固，每个锚索钻孔安装 1 根 K2335 和 2 根 Z2360 树脂药卷。

锚索布置：呈"二·一二"布置，排间距分别为 1000mm 和 3500mm。

托盘规格：锚索托板采用 Q235 钢，规格为 250mm×250mm×10mm 和 90mm×90mm×10mm³ 两种配合使用。

钢带：采用 W 钢带规格，规格长×宽×厚为 2000mm×260mm×35mm。

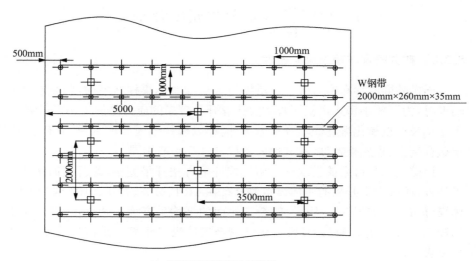

(a) 巷道顶板支护设计俯视图

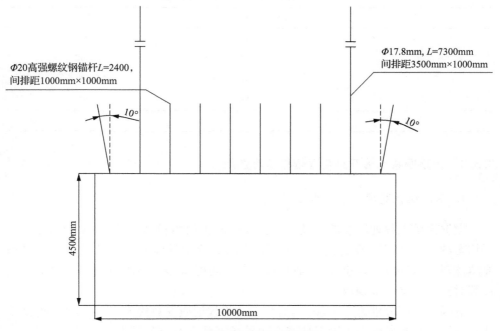

(b) 巷道顶板支护设计断面图

图 8-17　顶板支护方案图

8.3　长壁机械化掘巷充填开采工程设计

8.3.1　矿井概况与地质采矿条件

当矿井同时存在房式开采遗留煤柱区域和实体煤柱区域时,特别在两类区域临近时,为了减小房式煤柱回收和实体煤开采带来的应力叠加及相互影响,本书提出采用长壁机械化掘巷充填开采方法,同样以榆林地区 B 矿为例,其矿区概况、煤层赋存情况、顶底板条件、水文地质条件与 8.2.1 节相同。

该矿大部分可采储量现已采用房式开采方法开采完毕,除开采时留下的保护煤柱外,矿区尚未开采的实体煤主要分布在 3101、3103、3015、3107 四个工作面,实体煤分布情况如图 8-18 所示,四个工作面的平均采高为 5.35m,计算可采储量时均按 5.35m 计算,经过计算可得矿井剩余实体煤工作面可采储量为 489.61 万 t,详见表 8-9。

表 8-9　榆林地区 B 矿实体煤储量

工作面	实体煤面积/m²	可采储量/万 t
3101	81 355.3	63.11
3103	225 039	174.57
3105	199 427.2	154.71
3107	125 326	97.22
合计		489.61

8.3.2　长壁掘巷充填开采合理煤柱宽度选取

1. 不同煤柱宽度支承应力分布

根据该矿工程地质参数,煤层厚度 5.35m,顶板为粉砂岩,厚度 4.5m,上覆岩层均布载荷 3.0MPa,煤的抗压强度 25.48MPa,充填过程中,充填巷靠近煤柱区域充填体对顶板支撑力较小,由类似充填矿井实测可知,区域两侧距离各有 0.5m,则计算时充填体支撑范围取 6m。

取煤柱宽度分别为 1m、2m、3m,将上述工程地质参数代入式(4-18)中,得到不同弹性地基系数条件下不同煤柱宽度时采场支承应力分布规律。

预留煤柱宽度为 1m 时不同弹性地基系数条件下采场支承应力分布规律如图 8-19 所示。

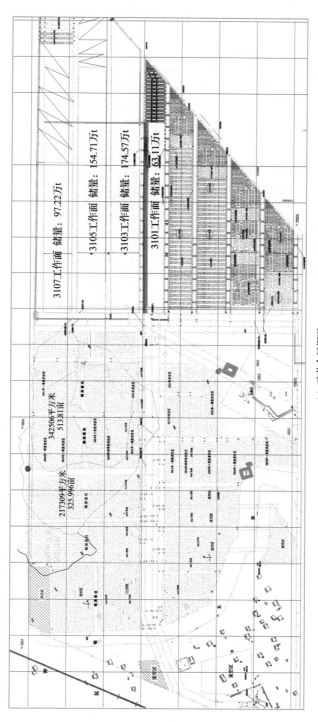

（a）矿井全局概况

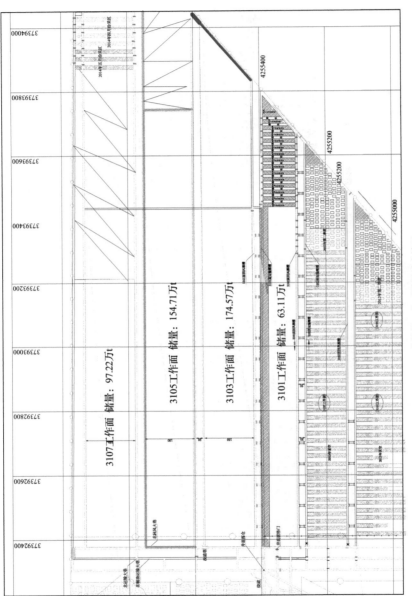

(b) 实体煤工作面煤量赋存情况

图 8-18　实体煤分布

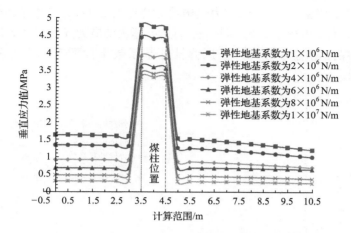

图 8-19　预留煤柱宽度为 1m 时不同弹性地基系数条件下支承应力分布规律

由图 8-19 分析可知,当预留煤柱宽度为 1m 时,随着弹性地基系数的增加,煤柱承载应力逐渐减小,采空区充填体所承受应力逐渐升高;当弹性地基系数为 $1×10^6 N/m$,煤柱支承应力最大值为 4.82MPa,应力集中系数为 1.61;当弹性地基系数增大到 $1×10^7 N/m$ 时,煤柱支承应力最大值减小为 3.37MPa,降低幅度达 30.1%,应力集中系数也降低至 1.23。

当预留煤柱宽度为 2m 时,不同弹性地基系数条件下支承应力分布规律如图 8-20 所示。

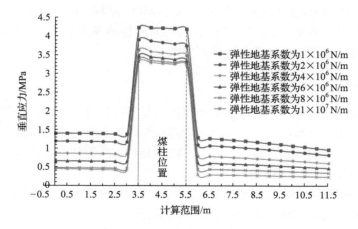

图 8-20　预留煤柱宽度为 2m 时不同弹性地基系数条件下支承应力分布规律

由图 8-20 分析可知,当预留煤柱宽度为 2m 时,煤柱及采空区充填体内部应力具有的规律;当弹性地基系数为 $1×10^6 N/m$,煤柱支承应力最大值为 4.22MPa,应力集中系数为 1.41;当弹性地基系数增大至 $1×10^7 N/m$ 时,支承应力最大值减小为 3.34MPa,降幅达 20.9%,应力集中系数降低为 1.11;相较于预留煤柱宽度为 1m 时,支承应力集中程度降低,但是随弹性地基增大的应力降低幅度略有减小。

当预留煤柱宽度为 3m 时,不同弹性地基系数条件下支承应力分布规律如图 8-21 所示。

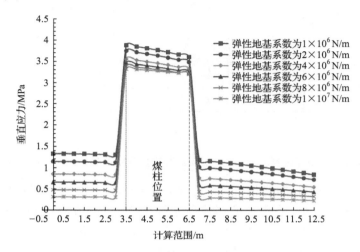

图 8-21　预留煤柱宽度为 3m 时不同弹性地基系数条件下支承应力分布规律

由图 8-21 分析可知,当预留煤柱宽度为 3m、弹性地基系数为 1×10^6N/m 时,煤柱支承应力最大值为 3.87MPa,应力集中系数为 1.29;当弹性地基系数增大至 1×10^7N/m 时,支承应力最大值降低为 3.31MPa,降幅 14.5%,应力集中系数为 1.10;与煤柱留设宽度 1m 和 2m 时相比,相同弹性地基条件下,应力集中程度降低,但是随弹性地基增大的应力降低幅度减小。

2. 煤柱稳定性判别标准

充填回收实体煤后,预留煤柱的稳定性会受到煤层开挖的影响,煤柱上应力将重新分布,而重新分布后的最大应力不能超过煤体的弹性极限,即煤柱处于弹性平衡的稳定状态。而当应力超过煤柱的弹性极限时,造成煤柱失稳破坏。目前,判别煤柱稳定的方法主要有极限强度理论。

极限强度理论认为:如果作用载荷达到煤柱的极限强度时,煤柱的承载能力降低到零,煤柱就会被破坏。即煤柱的破坏准则为

$$\sigma F \leqslant \sigma_{\mathrm{p}} \tag{8-1}$$

式中:σ 为作用在煤柱上的应力;F 为安全系数,一般取 2.5~4;σ_{p} 为煤柱的极限强度。

根据该矿煤体的力学性能,结合前面提出的煤柱强度计算公式,对煤柱的极限

强度进行求解,具体结果见表 8-10。

表 8-10　煤柱的极限强度

计算公式	Obert-Duvall			Holland-Gaddy			Bieniawaki			Salamaon-Munro		
煤柱宽度/m	1	2	3	1	2	3	1	2	3	1	2	3
极限强度/MPa	19.0	20.2	21.3	11.7	16.5	20.2	16.6	18.4	20.2	8.5	11.7	17.1

由表 8-10 可知,Holland-Gaddy 公式计算得到的煤柱极限强度值最大,其次分别是 Bieniawaki 公式与 Obert-Duvall 公式,Salamaon-Munro 公式计算得到的煤柱极限强度值最小,综合考虑一定安全系数,选取 8.5MPa 为煤柱宽度为 1m 时的极限强度,11.7MPa 为煤柱宽度为 2m 时的极限强度,17.1MPa 为煤柱宽度为 3m 时的极限强度。

3. 充填回收实体煤弹性地基系数与预留煤柱宽度设计

充填回收实体煤预留煤柱宽度可采用极限强度理论对其稳定性进行判别,可得到煤柱的合理弹性地基系数与合理的预留煤柱宽度。

将煤柱的最大支承应力、安全系数及煤柱极限强度代入式(8-1)进行判定,得到不同煤柱宽度与弹性地基系数时煤柱极限强度,见表 8-11。

表 8-11　充填回收实体煤极限强度核算

煤柱宽度/m	弹性地基系数/(N/m)	核算极限强度/MPa	极限强度/MPa	状态
1	1×10^6	15.84	8.5	失稳
	2×10^6	14.52		
	4×10^6	12.87		
	6×10^6	11.88		
	8×10^6	11.29		
	1×10^7	10.92		
2	1×10^6	13.93	11.7	失稳
	2×10^6	12.87		
	4×10^6	11.88		
	6×10^6	11.72		
	8×10^6	11.12		未失稳
	1×10^7	10.26		

煤柱宽度/m	弹性地基系数/N/m	核算极限强度/MPa	极限强度/MPa	状态
3	$1×10^6$	12.77	17.1	未失稳
	$2×10^6$	12.21		
	$4×10^6$	11.88		
	$6×10^6$	11.55		
	$8×10^6$	11.12		
	$1×10^7$	10.92		

由表 8-11 分析可知,当煤柱宽度为 2m、弹性地基系数达到 $8×10^6$ N/m 以上时,可防止煤柱突然坍塌,保证回收煤柱过程中煤柱不发失稳,可进行安全回收煤柱。考虑到充填回收煤柱采出率,合理高效地利用煤炭资源,合理地充填预留煤柱宽度应为 2m,弹性地基系数为 $8×10^6$ N/m。

8.3.3 长壁机械化掘巷充填开采方案

1. 长壁机械化掘巷充填系统布置

实体煤开采系统布置以 3101 工作面为例,其中 3101 工作面布置 3 个炮采工作面和 1 个充填工作面。

1) 工作面巷道布置

在 3101 工作面运输、进风平巷距大巷 980m 处布置有一煤仓,为 3101、3103 及 3105 工作面破碎和运煤的主要转载点,工作面产出的煤炭经无轨胶轮车运输至 3101 工作面煤仓,经破碎后,由带式输送机经 3101 工作面运输、进风平巷运输至井底煤仓,然后提升至地面。因此,需将 3101 工作面煤仓和 3101 工作面运输、进风平巷长期保留至 3101、3103 和 3105 工作面回采结束,采用在 3101 工作面运输、进风平巷旁留设 25m 保护煤柱来确保平巷的稳定性。

为方便充填材料运送至 3101 充填工作面,需重新开掘一条运料平巷,基于此,设计开掘平巷自北辅助运输大巷起沿 3101 工作面运输、进风平巷的保护煤柱进行掘进至工作面切眼位置,形成 3101 工作面充填材料运输平巷。

3101 工作面巷道布置具体如下。

3101 工作面运输、进风平巷:3101 工作面运输、进风平巷布置于 3101 工作面北,平巷内布置有一煤仓和运煤带式输送机,主要用于工作面煤炭的运输和进风。

3101 工作面运料、回风平巷:3101 工作面运料、回风平巷布置于 3101 工作面南,主要用于工作面材料的运输和回风。

3101 工作面充填材料运输平巷：3101 工作面充填材料运输平巷沿 3101 运输进风平巷保护煤柱掘进，主要用于工作面充填阶段充填材料的运输和工作面的进风。

3101 工作面巷道布置如图 8-22 所示。

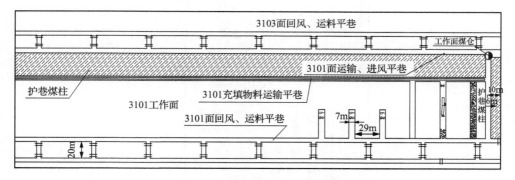

图 8-22　3101 工作面巷道布置

2）工作面生产系统

3101 工作面生产系统主要包括工作面运煤系统、运料系统、充填材料输送系统及通风系统。

（1）运煤系统：3101 炮采工作面→3101 回风运料平巷→3101 工作面切眼→工作面煤仓→3101 运输、进风平巷→井底煤仓→主斜井→地面。

（2）运料系统：①地面→主斜井→井底车场→南回风大巷→3101 工作面回风运料平巷→3101 炮采工作面；②地面→主斜井→井底车场→南回风大巷→3101 工作面回风运料平巷→3101 工作面切眼→3101 充填工作面。

（3）充填材料输送系统：充填材料储料场→地面运输系统→投料井→北辅助运输大巷→3101 工作面充填材料运输平巷→3101 充填工作面。

（4）通风系统主要包括新风系统和污风系统。

新风系统：①主斜井、副立井→井底车场→3101 工作面运输进风平巷→3101 工作面切眼→3101 工作面炮采工作面；②主斜井、副立井→井底车场→3101 工作面充填材料运输平巷→3101 工作面充填工作面→3101 工作面切眼→3101 工作面炮采工作面。

污风系统：3101 工作面炮采工作面→3101 工作面运料回风平巷→南回风大巷→回风大巷→回风立井→地面。

工作面各大系统路线图如图 8-23 所示。

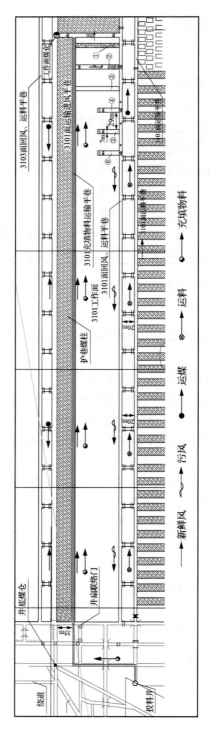

图 8-23　3101 工作面生产系统示意

3）工作面设备布置

工作面设备布置主要分为炮采工作面设备和充填工作面设备两部分，炮采工作面设备主要包括装载机、无轨胶轮车和局部通风机，充填工作面设备主要为带式输送机、梭车、抛料机、推土机和局部通风机，各设备功能主要如下。

装载机：用于将炮采工作面爆破的煤装载至无轨胶轮车。

无轨胶轮车：用于将工作面爆破的煤运输至工作面煤仓，以对煤进行破碎和进一步的运输。

局部通风机：通过采用局部通风机和风筒等通风装置，将新鲜风流送至炮采及充填工作面，以保证充采作业环境。

带式输送机：通过采用带式输送机，将充填材料运送至工作面平巷，保证充填材料的不断供给。

梭车：梭车布置于充填工作面，用于将充填材料从带式输送机转载至工作面抛料机。

抛料机、推土机：相互配合以完成工作面的充填作业，工作面每充填 2m，采用推土机进行推实，以保证充填材料充分接顶。

3101 和 3103 工作面设备布置相同，以 3101 工作面为例，对工作面设备布置的情况进行描述，3101 工作面设备布置图如图 8-24 所示。

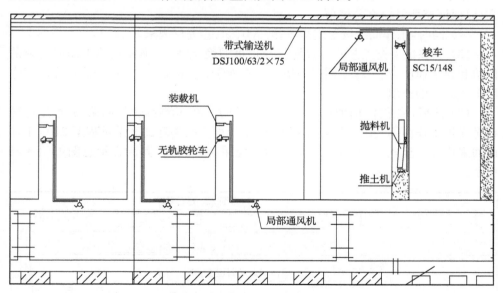

图 8-24　工作面设备布置图

2. 长壁机械化掘巷充填工艺

该矿采用逐巷开采 7m 巷道的回采方式对 3101 和 3103 工作面进行回采，工作面在回采过程中采煤与充填工艺同时进行。工作面掘进采用爆破落煤,装载机装煤,无轨胶轮车运煤,掘进完成后,采用梭车、抛料机和推土机相互配合的方式进行充填,下面以 3101 工作面为例进行详细设计。

1)工作面采煤与充填顺序

3101 工作面同时布置三个炮采工作面回采,工作面炮采作业和充填作业同时进行,三个炮采工作面间相互协调,同时掘进,充填作业滞后炮采作业进行,3101 工作面充填采煤工艺流程主要分为四个阶段,其中,在每个阶段 3101 工作面同时布置三个炮采工作面进行回采,各炮采工作面间隔29m。

a. 3101 工作面第一阶段充填采煤工艺流程

首先第一阶段的充填采煤工艺流程如下。

(1)工作面采用炮采落煤,装载机装煤,无轨胶轮车运煤,3101 工作面同时对炮采工作面①、②、③进行回采,各炮采工作面间隔29m。

(2)炮采工作面①、②、③回采完毕至 3101 工作面充填材料运输平巷后,采用带式输送机、梭车、抛料机和推土机相互配合的方式对炮采工作面①、②、③进行充填。

(3)充填时,充填材料通过带式输送机运送至工作面平巷,而后采用梭车将物料运输至抛料机,通过抛料机抛至充填工作面进行充填,工作面采用推土机进行推实,以保证充填材料充分接顶。

(4)同时,工作面继续对炮采工作面④、⑤、⑥进行炮采。

(5)为保证采充工艺的有效配合及顶板的稳定性,应确保充填工作面物料的供给和充填速度,在工作面回采完炮采工作面④、⑤、⑥后,工作面完成对充填工作面①、②、③的充填。

(6)然后,炮采工作面移至下三个工作面⑦、⑧、⑨继续进行回采,充填工作面移至充填工作面④、⑤、⑥进行充填作业,工作面不断循环此充采过程至 3101 工作面回采边界。至此,3101 工作面第一阶段充采工艺结束,其流程示意图如图 8-25所示。

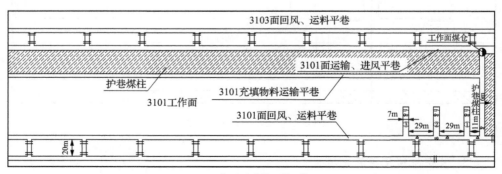

(a) 工作面开采①、②、③

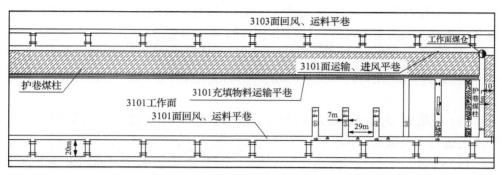

(b) 工作面开采④、⑤、⑥

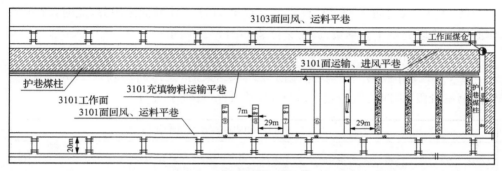

(c) 工作面开采⑦、⑧、⑨

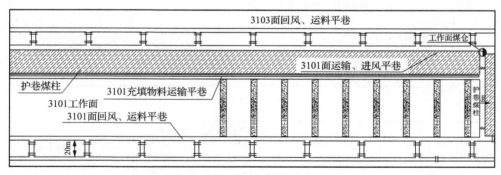

(d) 工作面第一阶段开采终态

图 8-25　3101 工作面第一阶段充填采煤工艺

b. 3101 工作面第二阶段充填采煤工艺流程

3101 工作面第二阶段充填采煤在第一阶段的基础上进行,3101 工作面从距离第一阶段炮采工作面① 11m 的距离开始回采,3101 工作面同时布置三个工作面进行回采,工作面第二阶段充填采煤工艺流程如下。

（1）工作面采用炮采落煤，装载机装煤，无轨胶轮车运煤，3101工作面同时对炮采工作面Ⅰ、Ⅱ、Ⅲ进行回采，各工作面间隔29m布置。

（2）炮采工作面Ⅰ、Ⅱ、Ⅲ回采完毕至3101工作面充填材料运输平巷后，采用带式输送机、梭车、抛料机和推土机相互配合的方式对炮采工作面Ⅰ、Ⅱ、Ⅲ进行充填。

（3）充填时，充填材料通过带式输送机运送至工作面平巷，工作面采用上述充填工艺进行充填作业。

（4）同时，工作面继续对炮采工作面Ⅳ、Ⅴ、Ⅵ进行炮采，工作面回采完Ⅳ、Ⅴ、Ⅵ后，充填作业完成对工作面Ⅰ、Ⅱ、Ⅲ的充填。

（5）然后，工作面不断循环此充采过程至3101工作面回采边界，此时，3101工作面第二阶段充采工艺结束，其工艺流程如图8-26所示。

c. 3101工作面第三阶段、第四阶段充填采煤工艺流程

在3101工作面第一阶段、第二阶段回采结束后，工作面均剩余11m煤柱，工作面第三阶段、第四阶段的充采作业在剩余11m煤柱上进行。

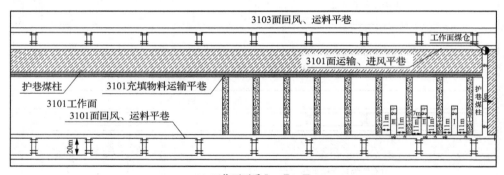

(a) 工作面开采Ⅰ、Ⅱ、Ⅲ

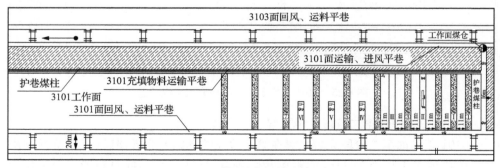

(b) 工作面开采Ⅳ、Ⅴ、Ⅵ

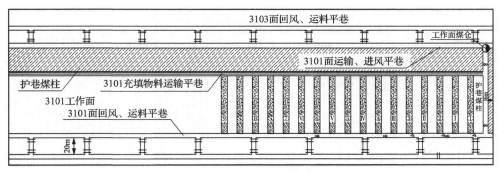

(c) 工作面第二阶段开采终状态

图 8-26　3101 工作面第二阶段充填采煤工艺流程

　　3101 工作面第三阶段的炮采工作面布置从护巷煤柱外的第一个 11m 煤柱开始,如图 8-27(a)所示,工作面同时布置三个炮采工作面 a、b、c,炮采工作面间隔 29m,工作面重复上述第一阶段和第二阶段的充采流程至回采边界,工作面完成第三阶段的充采作业;3101 工作面在第四阶段回采时,完成对剩余所有 11m 煤柱的回采,工作面最后回采 3101 工作面 11m 护巷煤柱。

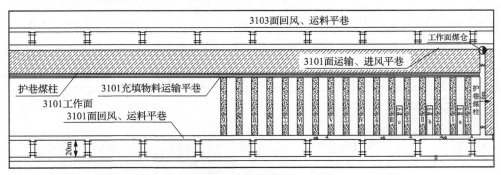

(a) 工作面第三阶段开采 a、b、c

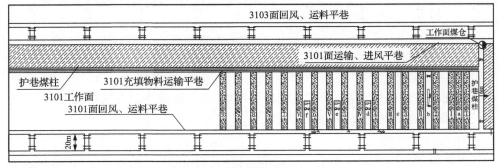

(b) 工作面第三阶段开采 d、e、f

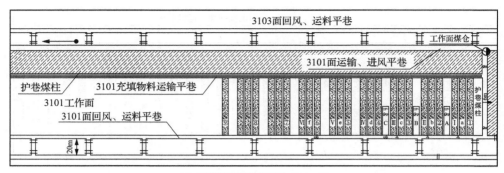

(c) 工作面第四阶段开采 A、B、C

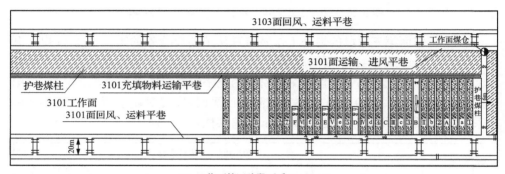

(d) 工作面第四阶段开采 D、E、F

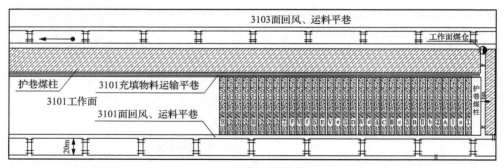

(e) 3101工作面开采终态

图 8-27　3101 工作面第三阶段、第四阶段充填采煤工艺流程

　　至此,3101 工作面完成所有充填采煤作业,工作面最终状态图如图 8-27(e)所示,工作面最终只剩余有 2m 的小煤柱。

　　2) 工作面充填工艺

　　工作面充填作业在炮采工作面掘进后进行,自 3101 工作面回风、运料平巷起向 3101 充填材料运输平巷方向充填。地面充填材料经地面运输、垂直投料系统及井下运输系统运输至 3101 充填工作面,然后通过梭车转运至高速动力抛料机,抛料机将充填材料抛投至采空区,采用推土机逐步夯实接顶。工作面具体充填工艺流程如下。

(1) 首先在充填工作面临 3101 回风、运料平巷处布置一充填挡墙,挡墙采用装有充填材料的编织袋垒砌而成,挡墙厚度为 3m,在挡墙两侧采用锚杆与钢带联合支护方式对挡墙进行加强支护。

(2) 然后依次开启高速动力抛料机、梭车、井下运料带式输送机及地面运料带式输送机,将充填材料运输至充填工作面;其中在将充填材料从工作面带式输送机转载至充填工作面时,采用带式输送机和梭车相互配合的方式,在带式输送机邻近充填工作面处布置一挡板,将充填材料转载至梭车上,而后采用梭车将充填材料运输至高速动力抛料机上。

(3) 充填作业时,水平缓慢转动高速动力抛料机,对工作面进行均匀充填,当工作面充填高度达 2m 左右时,抛料机停止抛投,采用推土机对工作面充填材料进行推实,初步推实后,抬高抛料机抛投角度至抛投高度达 4m,水平缓慢转动抛料机进行抛投作业,待工作面整体堆料高度达 4m 后,采用推土机对物料进行推实,而后,继续抬高抛料机角度至最大,继续抛投并重复此充填过程至物料被夯实接顶,工作面不断重复此过程进行充填。

(4) 鉴于抛料机自身的尺寸限制,在充填工作面充填收尾阶段,采用变换挡板位置的方式来改变抛料机抛投方向,以增大抛料机充填范围,如图 8-28(c)所示,在无法采用抛料机充填的区域,采用推土机将充填材料推入充填区域的方式进行充填。

(5) 充填工作面在充填作业临结束时,采用充填挡墙对充填面进行封闭,挡墙材料选用砖混结构,挡墙厚度取 36cm,在垒砌过程中,在垒砌 2m 高度后,采用抛料机进行抛投充填,待充填高度到达 2m 并有溢出时,继续增大垒砌高度至 4m,而后使用抛料机进行充填,在最后封顶阶段,采用编织袋对工作面未充填部分进行充填,而后继续增加挡墙高度至巷道高度,至此,工作面充填作业结束。

(6) 下一工作面开始充填时,先转移充填设备至下一工作面,然后调整带式输送机卸料挡板位置,3101 工作面不收缩带式输送机长度,后续充填工作面充填工艺同上。

(7) 工作面逐巷进行充填,掘进与充填时间间隔不得大于 10d。

工作面充填工艺流程图如图 8-28 所示。

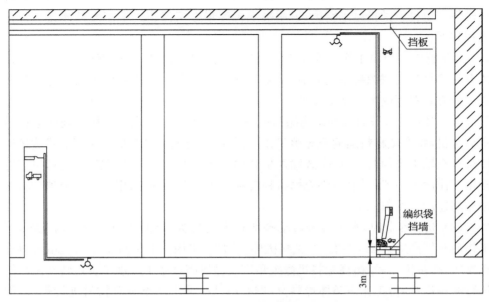

(a) 充填工作面初始垒砌挡墙

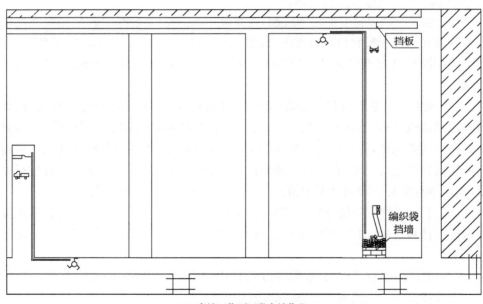

(b) 充填工作面正常充填作业

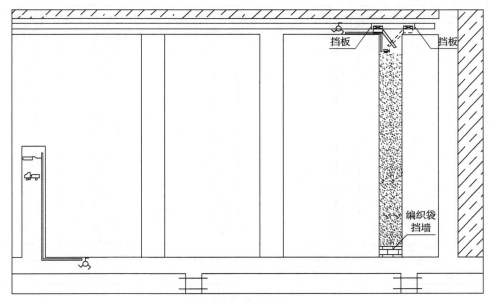

(c) 充填收尾阶段抛投充填示意图

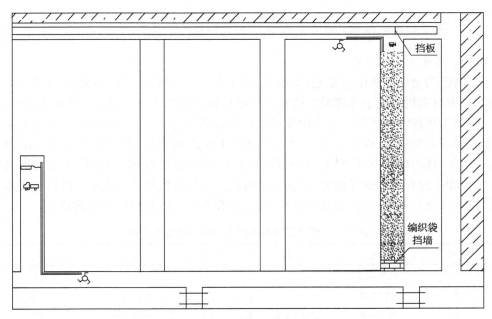

(d) 充填收尾阶段推土机充填示意图

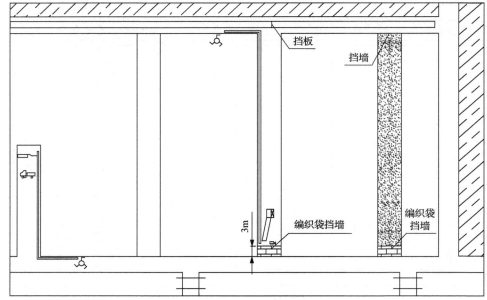

(e) 充填作业完成状态

图 8-28　充填工作面充填工艺流程

3. 长壁机械化掘巷充填主要设备

1) 高速动力抛料机

高速动力抛料机由行走机构、旋转升降机构、固定机身和伸缩机架四部分构成,其中行走机构用于支撑抛料机并负责抛料机在充填作业期间的不断移动,旋转升降机构可使抛料机调节上下抛投高度和左右摆动角度,可扩大充填范围,更有利于充填作业的进行,以适用于各种煤层厚度工作面的使用,调高系统采用油缸调高;另外,伸缩机架可调节抛料机长度,同样可扩大充填范围,使充填作业更加灵活,增加了抛料机的适应能力,有利于抛料机在各类地质条件的应用。抛料机的具体技术参数见表 8-12,该充填设备成本低、操作简单、适应性强、经久耐用。

表 8-12　充填工作面高速动力抛料机技术参数

序号	名称	参数	序号	名称	参数
1	机身长度	5.7m	5	带速	5m/s
2	伸缩长度	2m	6	回转角度	90°
3	机身高度	0.9~2.5m	7	升降角度	0~26°
4	胶带宽带	0.8m	8	输送能力	650t/h

2）其他配套设备选型设计

为完成工作面的爆破采煤、装煤、运煤、充填等一系列工艺，还需要装载机、无轨胶轮车、梭车、推土机、带式输送机、移动变电站、组合开关、喷雾泵站及控制、通讯和照明系统等。根据采煤设备与充填设备的配套原则，结合工作面生产能力的要求，对工作面充填采煤设备与辅助设备进行选型，具体见表 8-13。

表 8-13　3101 工作面主要设备及型号

序号	设备名称	型号	数量	主要参数
1	装载机	LW300kN	1	额定载荷 3.0t；容量 1.5～3.0m³；卸载高度 2930～3430mm
2	无轨胶轮车	WC8E	8	额定载荷 8.0t；爬坡能力 14°；发动机功率 75kW；外形尺寸长×宽×高 6870×2100×1880mm
3	炮采工作面局部通风机	FBD-2-NO63/2×22	3	风量 310～520m³/min；风压 600～5400Pa
4	充填工作面局部通风机	FBD-2-NO6/2×11kW	1	风量 380～200m³/min；风压 800～3500Pa
5	带式输送机	DSJ100/63/2×75	1	胶带宽度 1000mm；带速 2m/s；主机功率 2×75kW；运输能力 630t/h
6	梭车	SC15/148	1	外型尺寸长×宽×高 9220×3010×1689mm；卸载时间 30～45s；运行速度 0～9.6 km/h（空载）/0～8.0km/h（重载）
7	推土机	SEM822	1	宽 3720mm；高度 1511mm；中心距 2000mm；接地长度 2948mm

参 考 文 献

[1] 翟德元等译. 美国房柱式开采技术[M]. 煤炭工业出版社, 1996.

[2] 杜计平, 孟宪锐. 采矿学[M]. 徐州: 中国矿业大学出版社, 2014.

[3] 郭保华, 马擎, 郭文兵, 等. 长壁布置下的房柱式采煤法探析[J]. 河南理工大学学报(自然科学版), 2014, 01: 17-21.

[4] 王安. 连续采煤机房柱式短壁机械化采煤技术的研究与实践[D]. 阜新: 辽宁工程技术大学, 2002.

[5] 田瑞云. 新型房柱式采煤法可行性技术分析[J]. 煤炭工程, 2007, 03: 5-6, 24.

[6] 赵士忠. 房柱式机械化采煤技术研究[J]. 科技和产业, 2005, 02: 58-61.

[7] 崔锋. 榆卜界矿房式充填开采的理论研究[D]. 北京: 煤炭科学研究总院, 2009.

[8] 张永爱. 房式采空区遗留煤炭资源回收及生态重建[J]. 煤矿安全, 2014, 02: 197-199, 203.

[9] 国家煤炭工业局. 建筑物、水体、铁路及主要井巷煤柱留设与压煤开采规程[M]. 北京: 煤炭工业出版社.

[10] 范国强. 兖州矿区煤炭生产技术[M]. 北京: 煤炭工业出版社, 1998.

[11] 谭允祯, 李春华, 刘振翼, 等. 房柱式开采的通风系统[J]. 煤炭学报, 2001, 01: 67-70.

[12] 蒋太平, 赵建立, 周锦华. 煤柱中采用房柱式开采的实践与认识[J]. 矿山测量, 2000, 04: 38-40.

[13] 周茂普, 江小军. 国产短壁设备在东坡煤矿边角煤开采中的应用[J]. 矿山机械, 2012, 03: 24-25, 40.

[14] 李春英, 樊运平. 一种新型短壁开采设备—TY9FB型梭车[J]. 机械工程与自动化, 2005, 01: 51-53, 56.

[15] 刘克功, 王家臣, 徐金海. 短壁机械化开采方法与煤柱稳定性研究[J]. 中国矿业大学报, 2005, 01: 27-32.

[16] 白笠言, 李华, 林广旭. 短壁开采机械电控设备检修实践[J]. 价值工程, 2013, 12: 328-329.

[17] 王安. 连续采煤机房柱式短壁机械化采煤技术的研究与实践[D]. 阜新: 辽宁工程技术大学, 2002.

[18] 凌建斌. 我国短壁机械化开采技术发展的可行性[A]. 中国煤炭学会短壁机械化开采专业委员会. 2007短壁机械化开采专业委员会学术研讨会论文集[C]. 中国煤炭学会短壁机械化开采专业委员会, 2007: 6.

[19] 桂和荣, 姚恩亲, 宋小梅, 等. 矿井水资源化技术研究[M]. 徐州: 中国矿业大学出版社, 2011.

[20] 李浩荡, 杨汉宏, 张斌, 等. 浅埋房式采空区集中煤柱下综采动载控制研究[J]. 煤炭学报, 2015, S1: 6-11.

[21] 周国铨, 崔继宪, 刘广容, 等. 建筑物下采煤[M]. 北京: 煤炭工业出版社, 1983.

[22] 汪群慧，叶暾，谷庆宝. 固体废物处理及资源化[M]. 北京：化学工业出版社，2004.

[23] 王喜富，张禄秀，王玉顺，等. 煤矸石及其在矿区铁路建设中的应用[M]. 北京：煤炭工业出版社，2003.

[24] 孟达，王家臣，王进学. 房柱式开采上覆岩层破坏与垮落机理[J]. 煤炭学报，2007，06：577-580.

[25] 白庆升，屠世浩，王方田，等. 浅埋近距离房式煤柱下采动应力演化及致灾机制[J]. 岩石力学与工程学报，2012，S2：3772-3778.

[26] 王方田. 浅埋房式采空区下近距离煤层长壁开采覆岩运动规律及控制[D]. 徐州：中国矿业大学，2012.

[27] 常庆粮. 膏体充填开采覆岩控制地表变形的理论研究与实践[D]. 徐州：中国矿业大学，2009.

[28] 刘长友，卫建清，万志军，等. 房柱式开采的矿压显现规律及顶板监测[J]. 中国矿业大学学报，2002，04：61-64.

[29] 左金忠，张世国，张学相. 南屯煤矿房柱式开采矿山压力研究[J]. 山东煤炭科技，2002，01：56-58.

[30] 杜计平，汪理全. 煤矿特殊开采方法[M]. 中国矿业大学出版社，2005.

[31] 徐永圻. 采矿学[M]. 中国矿业大学出版社，2006.

[32] 王湘桂，唐开元. 矿山充填采矿法综述[J]. 矿业快报，2008，(12)：1-5.

[33] 孙凯年. 充填采矿法在黄金矿山的应用[J]. 中国黄金学会首届学术年会论文集，1990：6-11.

[34] 程金桥. 90 年代末我国胶结充填技术展望[J]. 新疆有色金属，1996(2)：11-13.

[35] 王爵鹤，佘固吾. 充填采矿技术飞速发展的十年[J]. 长沙矿山研究院，1991(4)：8-14.

[36] 高士田. 我国矿山胶结充填技术现状及改进方向[J]. 有色矿山，1996(4)：1-4.

[37] 杨建永，黄文细. 胶结充填电渗脱水试验研究[J]. 黄金，1996(3)：25-26.

[38] 钱觉时. 粉煤灰特性与粉煤灰混凝土[M]. 北京：科学出版社，2002.

[39] 王祯全. 铜绿山矿胶结充填工艺的研究与探讨[J]. 有色矿山，1997(2)：8-10.

[40] 阮琼平. 铜绿山矿井下充填物料选择的探讨[J]. 矿业研究与开发，1998(1)：13-15.

[41] 耿茂兴. 尾砂水力充填和尾砂胶结充填系统的应用[J]. 黄金，2000(2)：25-29.

[42] 杨秀瑛. 岩金矿山尾矿应用技术初探[J]. 黄金，2000(6)：12-13.

[43] Zhang J X, Zhou N, Huang Y L, et al. Impact Law of the Bulk Ratio of Backfilling Body to Overlying Strata Movement in Fully Mechanized Backfilling Mining[J]. Journal of Mining Science, 2011, 47(1): 73-84.

[44] Huang Y L, Zhang J X, Zhang Q, et al. Backfilling Technology Of Substituting Waste And Fly Ash For Coal Underground In China Coal Mining Area[J]. Environmental Engineering and Management Journal, 2011, 10(6), 769-755.

[45] Huang Y L, Zhang J X, An B F, et al. Overlying strata movement law in fully mechanized coal mining and backfilling longwall face by similar physical simulation[J]. Journal of Mining Science, 2011, 47(5), 618-627.

[46] 张吉雄，安百富，巨峰，等. 充填采煤固体物料垂直投放颗粒运动规律影响因素研究[J]. 采矿与安全工程学报，2012，29(3)：312-316.

[47] 张吉雄，缪协兴，茅献彪，等. 建筑物下条带开采煤柱矸石置换开采的研究[J]. 岩石力学与工程学报，2007，26(S1)：2687-2693.

[48] 张吉雄，缪协兴，郭广礼. 矸石(固体废物)直接充填采煤技术发展现状[J]. 采矿与安全工程学报，2009，26(4)：395-401.

[49] 张吉雄，李剑，安泰龙，等. 矸石充填综采覆岩关键层变形特征研究[J]. 煤炭学报，2010，35(3)：357-362.

[50] 张吉雄，吴强，黄艳利，等. 矸石充填综采工作面矿压显现规律[J]. 煤炭学报，2010，35(增)：1-4.

[51] Zhang J X, Zhang Q, Huang Y L, et al. Strata Movement Controlling Effect of Waste and Fly Ash Backfillings in Fully Mechanized Coal Mining with Backfilling Face[J]. Mining Science and Technology. 2011，21(5)：721-726.

[52] 张吉雄，缪协兴. 煤矿矸石井下处理的研究[J]. 中国矿业大学学报，2006，35(02)：197-200.

[53] 缪协兴，张吉雄，郭广礼. 综合机械化固体充填采煤方法与技术研究[J]. 煤炭学报，2010，35(01)：1-6.

[54] Miao X X, Zhang J X, Feng M M. Waste-filling in fully-mechanized coal mining and its application[J]. Journal of China University of Mining and Technology，2008，18(4)：479-482.

[55] Zhou N, Zhang J X, Ju F, et al. Genetic Algorithm Coupled with the Neural Network for Fatigue Properties of Welding Joints Predicting[J]. Journal of Computers，2012，7(8)：1887-1894.

[56] Ju F, Zhang J X, Zhang Q. Vertical transportation system of solid material for backfilling coal mining technology[J]. International Journal of Mining Science and Technology，2012，22(1)：41-45.

[57] 徐俊明，张吉雄，黄艳利，等. 充填综采矸石-粉煤灰压实变形特性试验研究及应用[J]. 采矿与安全工程学报，2011，28(1)：158-162.

[58] Huang Y L, Zhang J X, Liu Z, et al. Underground Backfilling Technology for Waste Dump Disposal in Coal Mining District，Proceedings 2010 International Conference on Digital Manufacturing and Automation(ICDMA 2010)，Dec 18-20，2010，Xuzhou.

[59] 黄艳利，张吉雄，张强，等. 综合机械化固体充填采煤原位沿空留巷技术[J]. 煤炭学报，2011，36(10)：1625-1628.

[60] Ju F, Zhang J X, Huang Y L, et al. Waste Filling Technology under Condition of Complicated Geological Condition Working Face，The 6th International Conference on Mining Science & Technology，September，2009，Xuzhou.

[61] 黄艳利，张吉雄，张强，等. 充填体压实率对综合机械化固体充填采煤岩层移动控制作用分析[J]. 采矿与安全工程学报，2012，29(2)，162-167.

［62］ Zhang Q，Zhang J X，Huang Y L，et al. Backfilling technology and strata behaviors in fully mechanized coal mining working face［J］. International Journal of Mining Science and Technology，2012，22(2)，151-157.

［63］ 巨峰，张吉雄，安百富. 充填采煤固体物料垂直投料井施工工艺研究［J］. 采矿与安全工程学报，2012，29(1)：38-43.

［64］ 周跃进，张吉雄，聂守江，等. 充填采煤液压支架受力分析与运动学仿真研究［J］. 中国矿业大学学报，2012，41(3)：366-370.

［65］ Li J，Zhang J X，Huang Y L，et al. An investigation of surface deformation after fully mechanized solid back fill mining［J］. International Journal of Mining Science and Technology，2012，22(4)：453-457.

［66］ 黄艳利，张吉雄，杜杰. 综合机械化固体充填采煤的充填体时间相关特性研究［J］. 中国矿业大学学报，2012，41(5)：697-701.

［67］ 周跃进，陈勇，张吉雄，等. 充填开采充实率控制原理及技术研究［J］. 采矿与安全工程学报，2012，29(03)：351-356.

［68］ 张吉雄，姜海强，缪协兴，等. 密实充填采煤沿空留巷巷旁支护体合理宽度研究［J］. 采矿与安全工程学报，2013，30(2)：159-164.

［69］ Zhang J X，Li M，Huang Y L，et al. Interaction between Backfilling Body and Overburden Strata in Fully Mechanized Backfilling Mining Face［J］. Disaster Advances，2013，6(S5)：1-7.

［70］ Hui Y C，Chen Z W，Zhang J X，et al. Coal Mine Workface Geological Hazard Mapping and Its Optimum Support Design：A Case Study［J］. Disaster Advances，2013，6(S5)：66-84.

［71］ Ju F，Zhang J X，Wu Q，et al. Vertical Feeding & Transportation Safety Control Technology for Solid Backfill Materials in Coal Mine［J］. Disaster Advances，2013，6(S5)：155-162.

［72］ Zhang J X，Zhou N，Liu Z，et al. Pre-dig Pressure Relief Chamber Technology for Roadway Rock Burst Prevention and Its Application［J］. Disaster Advances，2013，6(S4)：337-347.

［73］ Zhang J X，Huang Y L，Zhou N，et al. Solid backfill mining technology for roof water inrush prevention and its application［J］. Disaster Advances，2013，6(S13) December：365-373.

［74］ Huang Y L，Zhang J X，Li M，et al. Waste Substitution Extration of Coal Strip Mining Pillars［J］. Res. J. Chem&Environ，2013，17(S1)：96-103.

［75］ 周楠，张吉雄，缪协兴，等. 预掘两巷前进式固体充填采煤技术研究［J］. 采矿与安全工程学报，2013，(5)：642-647.

［76］ 张强，张吉雄，吴晓刚，等. 固体充填采煤液压支架合理夯实离顶距研究［J］. 煤炭学报，2013，38(8)：1325-1330.

［77］ Zhang Q，Li M，Chao Y W，et al. Study of Roadway Surrounding Rock Composite Structure Burst Prevention Mechanism and Its Application. ［J］. Disaster Advances，2013，6(S5)：95-101.

[78] Zhou N, Zhang Q, Ju F, et al. Pre-Treatment Research in Solid Backfill Material in Fully Mechanized Backfilling Coal Mining Technology. [J]. Disaster Advances, 2013, 6(S5): 118-125.

[79] Chen Y, Jiang H Q, Peng H, et al. Engineering design and application of solid backfill mining method in mines under embankment. [J]. Disaster Advances, 2013, 6(S5): 136-143.

[80] Guo H Z, Li J, Wu X G, et al. Research on the Stratum Control Technology for Changing Strip Mining under Buildings to Longwall backfilling mining. [J]. Disaster Advances, 2013, 6(S5): 182-188.

[81] Yan H, Deng X J, Fang K, et al. Roof Catastrophe Mechanism of Roadways with Extra-thick Coal Seam and its Controlling Countermeasures. [J]. Disaster Advances, 2013, 6 (S5): 236-243.

[82] Zhou Y J, An B F, Zhang Z J, et al. Study on Developmental Rule of Earth's Surface Fissures under Thick Unconsolidated Layer's Condition of Thin Bedrock in Coal Mining. [J]. Disaster Advances, 2013, 6(S5): 279-288.

[83] 缪协兴, 张吉雄, 郭广礼. 综合机械化固体废弃物充填采煤方法与技术[M]. 徐州: 中国矿业大学出版社, 2010.

[84] 黄艳利. 固体密实充填采煤的矿压控制理论与应用研究[D]. 徐州: 中国矿业大学矿业工程学院, 2012.

[85] 张吉雄. 矸石直接充填综采岩层移动控制及其应用研究[D]. 徐州: 中国矿业大学矿业工程学院, 2008.

[86] 巨峰. 固体充填采煤物料垂直输送技术开发与工程应用[D]. 徐州: 中国矿业大学矿业工程学院, 2012.

[87] Zhang J X, Huang Y L, Zhang Q, et al. The Test on the Mechanical Properties of Solid Backfill Materials[J]. Materials Reasearch Innovations, May 2014, 18(52): 960-965.

[88] Yan H, Deng X J, Fang K, et al. Roof Catastrophe Mechanism of Roadways with Extra-thick Coal Seam and its Controlling Countermeasures. [J]. Disaster Advances, 2013, 6 (S5): 236-243.

[89] Zhou Y J, An B F, Zhang Z J, et al. Study on Developmental Rule of Earth's Surface Fissures under Thick Unconsolidated Layer's Condition of Thin Bedrock in Coal Mining. [J]. Disaster Advances, 2013, 6(S5): 279-288.

[90] 徐乃忠, 张玉卓. 覆岩离层注浆控制地表沉陷技术的应用[J]. 煤炭科学技术, 2000, 28(09): 1-3.

[91] 张与桌, 徐乃忠. 地表沉陷控制新技术[M]. 徐州: 中国矿业大学出版社, 1983.

[92] 龙驭球. 弹性地基梁的计算[M]. 北京: 人民教育出版社, 1981.

[93] 钱鸣高, 刘听成. 矿山压力及其控制[M]. 北京: 煤炭工业出版社, 1983.

[94] 顾朴, 郑芳怀, 谢惠玲. 材料力学[M]. 北京: 高等教育出版社, 1984.

[95] 史元伟. 采煤工作面围岩控制原理和技术[M]. 徐州: 中国矿业大学出版社, 2003.

[96] 钱鸣高，石平五，许家林. 矿山压力与岩层控制[M]. 徐州：中国矿业大学出版社，2010.

[97] 张吉雄. 矸石直接充填综采岩层移动控制及其应用研究[D]. 徐州：中国矿业大学图书馆，2008.

[98] 瞿群迪. 采空膏体充填岩层控制的理论与实践[D]. 徐州：中国矿业大学，2007.

[99] 钱鸣高，缪协兴，许家林，等. 岩层控制的关键层理论[M]. 徐州：中国矿业大学出版社，2003.

[100] 钱鸣高，缪协兴，许家林，等. 岩层控制的关键层理论[M]. 徐州：中国矿业大学出版社，2003.

[101] 钱鸣高，缪协兴. 岩层控制中的关键层理论研究[J]. 煤炭学报，1996，21(3)：225-230.

[102] 钱鸣高，茅献彪，缪协兴. 采场覆岩中关键层上载荷的变化规律[J]. 煤炭学报，1998，23(2)：135-139.

[103] 茅献彪，缪协兴，钱鸣高. 采动覆岩中关键层的破断规律研究[J]. 中国矿业大学学报，1998，27(1)：39-42.

[104] 茅献彪，缪协兴，钱鸣高. 采动覆岩中复合关键层的断裂跨距计算[J]. 岩土力学，1999，20(2)：1-4.

[105] 茅献彪，缪协兴，钱鸣高. 采高及复合关键层效应对采场来压步距的影响[J]. 湘潭矿业学院学报，1999，14(1)：1-5.

[106] 缪协兴，茅献彪，钱鸣高. 采动覆岩中关键层的复合效应分析[J]. 矿山压力与顶板管理，1999，(3)：5-9.

[107] 岑传鸿，窦林名. 采场顶板控制及监测技术[M]. 中国矿业大学出版社，2005.8.

[108] 钱鸣高，石平五. 矿山压力与岩层控制[M]. 中国矿业大学出版社，2003.11.

[109] 邹友峰，邓喀中，马伟民. 矿山开采沉陷工程[M]. 中国矿业大学出版社，2003.9.

[110] 许家林. 岩层移动与控制的关键层理论及其应用[D]. 徐州：中国矿业大学采矿系，1999.

[111] 缪协兴，张吉雄，郭广礼. 综合机械化固体废弃物充填采煤方法与技术[M]. 徐州：中国矿业大学出版社，2010.

[112] 黄艳利. 固体密实充填采煤的矿压控制理论与应用研究[D]. 徐州：中国矿业大学矿业工程学院，2012.

[113] 张吉雄. 矸石直接充填综采岩层移动控制及其应用研究[D]. 徐州：中国矿业大学矿业工程学院，2008.

[114] 许家林. 岩层移动与控制的关键层理论及其应用[D]. 徐州：中国矿业大学采矿系，1999.

[115] 郭文兵，邓喀中，邹友峰. 岩层与地表移动控制技术的研究现状及展望[J]. 中国安全学报，2005，15(1)：6～10.

[116] 周跃进，汪云甲，张吉雄，等. 综采充填黄土侧限压缩特性试验[J]. 辽宁工程技术大学学报(自然科学版)，2012，31(3)：315-318.

[117] 陈炎光，钱鸣高. 中国煤矿采场围岩控制[M]. 中国矿业大学出版社，1994.

[118] 尤明庆，周少统，苏承东. 岩石试样围压下直接拉伸试验[J]. 河南理工大学学报，2006，

25(4)：255-261.

[119] 苏承东，杨圣奇. 循环加卸载下岩样变形与强度特征试验[J]. 河海大学学报，2006，(6)：667-671.

[120] 尤明庆，华安增. 岩石三轴压缩过程中的环向应变变形[J]. 中国矿业大学学报，1997，26(1)：1-4.

[121] 沈军辉，王兰生，王青海，等. 卸荷岩体的变形破裂特征[J]. 岩石力学与工程学报，2003，22(12)：2028-2031.

[122] 缪协兴. 采动岩体的力学行为研究与相关工程技术创新进展综述[J]. 岩石力学与工程学报，2010，29(10)：1897-1998.

[123] Datta M. Gulhati S K. Crushing of calcareous sands during drained shear[J]. Society of Petroleum Engineers of AIME Journal，1980，20(2)，77-85.

[124] Hardin B O. Crushing of soil particles[J]. Journal of Geotechnical Engineering，1985，111(10)：1177-1192.

[125] Evertsson C M, Bearman R A. Investigation of interparticle breakage as applied to cone crushing[J]. Minerals Engineering，1977，10(2)：199-214.

[126] Pariseau W G. Finite element approach to caving in stratified, jointed rock masses[J]. International Journal of Rock Mechanics And Mining Sciences，JUL 2012，53(4)：94-100.

[127] Pariseau W G, Puri S. A new model for effects of impersistent joint sets on rock slope stability[J]. International Journal Of Rock Mechanics And Mining Sciences，FEB 2008，45(2)：122-131

[128] Hustrulid W. Method selection for large-scale underground mining[J]. MASSMIN 2000, PROCEEDINGS. 2000(7)：29-56.

[129] 梁钰，折娟，高徐军，等. 房柱式开采采留比优化设计[J]. 煤矿安全，2009，05：46-49.

[130] 申骏超，王寅仓，王占元，等. 充填回收房式采空区煤柱材料强度选择[J]. 煤矿安全，2014，09：222-225.

[131] 周小科. 基于蠕变理论的房柱式开采留设煤柱长期稳定性研究[D]. 阜新：辽宁工程技术大学，2013.

[132] 杨青. 房柱式采煤法煤柱的稳定性分析[J]. 现代矿业，2011，10：55-55.

[133] 解兴智. 浅埋煤层房柱式采空区顶板-煤柱稳定性研究[J]. 煤炭科学技术，2014，07：1-4，9.

[134] 梁亮. 房柱式开采遗留煤柱安全复采技术研究[J]. 煤，2014，10：33-35.

[135] 解兴智. 房柱式采空区下长壁工作面覆岩宏观变形特征研究[J]. 煤炭科学技术，2012，04：23-25，29.

[136] 付武斌，邓喀中，张立亚. 房柱式采空区煤柱稳定性分析[J]. 煤矿安全，2011，01：136-139.

[137] 李海清，向龙，陈寿根. 房柱式采空区受力分析及稳定性评价体系的建立[J]. 煤矿安全，2011，03：138-142.

[138] Nandy S K, Szwilski A B. Disposal and utilization of mineral wastes as a mine backfill,

Underground Mining Methods and Technology. 1987，14(6)：241-252.

[139] Stewar B R. Physical and Chemical Properties of Coarse Coal Refuse From Southwest Cirginia, Thesis, Virginia Polytechnic Institute and State University, Blacksburg, Virginia, 1990.

[140] Franklin J A, Dusseault M B. Rock Engineering, Mcgrw-Hill, New York, 1989.

[141] Bishop C S, Simon N R. Selected soil mechanics properties of Kentucky coal preparation plant refuse, Proceedings of the Second Kentucky Coal Refuse Disposal and Utilization Seminar, Pineville, Kentucky, 1976：61-67.

[142] Sleemang W. Colliery spoil in urban development, Proceedings of the Second international Conference on the Reclamation, Treatment and Utilization of Coal Mining Wastes, Nottingham, England, Elsevier, Amsterdam, 1987：77-163.

[143] Skarzynska K M. Reuse of coal mining waste in civil engineering-part1. Properties of minestone[J]. Waste Management, 1995, 15(1)：3-42.

[144] Skarzynska K M, Zawisza E. The study of saturated coal mining wastes under the influence of long-term loading[A]. Rainbow A K M. 2nd International Symposium on the Reclamation, Treatment and Utilization of Coal Mining Waste[C]. London：British Coal Corporation, 1987：295-302.

[145] 徐金海，缪协兴，张晓春. 煤柱稳定性的时间相关性分析[J]. 煤炭学报，2005，04：433-437.

[146] 宋义敏，杨小彬. 煤柱失稳破坏的变形场及能量演化试验研究[J]. 采矿与安全工程学报，2013，06：822-827.

[147] 曹胜根，曹洋，姜海军. 块段式开采区段煤柱突变失稳机理研究[J]. 采矿与安全工程学报，2014，06：907-913.

[148] 余伟健，冯涛，王卫军，等. 充填开采的协作支撑系统及其力学特征[J]. 岩石力学与工程学报，2012，S1：2803-2813.

[149] 解兴智. 浅埋煤层房柱式采空区顶板-煤柱稳定性研究[J]. 煤炭科学技术，2014，07：1-4＋9.

[150] 刘义新. 房柱式采空区遗留煤柱稳定性综合评价研究[J]. 煤矿开采，2013，03：78-80.

[151] 于健，王永申. 房柱式采煤法采空区危害及其对策[J]. 水力采煤与管道运输，2009，02：18-19.

[152] 曹胜根，刘文斌，袁文波，等. 房式采煤工作面的底板岩层应力分析[J]. 湘潭矿业学院学报，1998，03：16-21.

[153] 付武斌，邓喀中，张立亚. 房柱式采空区煤柱稳定性分析[J]. 煤矿安全，2011，01：136-139.

[154] 余伟健，王卫军. 矸石充填整体置换"三下"煤柱引起的岩层移动与二次稳定理论[J]. 岩石力学与工程学报，2011，01：105-112.

[155] 马占国，范金泉，孙凯，等. 残留煤柱综合机械化固体充填复采采场稳定性分析[J]. 采矿与安全工程学报，2011，04：499-504，510.

[156] 张茂省，李同录. 黄土滑坡诱发因素及其形成机理研究[J]. 工程地质学报，2011，04：

530-540.

[157] 庞奖励,黄春长,周亚利. 汉江上游谷地全新世风成黄土及其成壤改造特征[J]. 地理学报,2011,11:1562-1573.

[158] 宋友桂,史正涛,方小敏. 伊犁黄土的磁学性质及其与黄土高原对比[J]. 中国科学:地球科学,2010,01:61-72.

[159] 胡振琪,王新静,贺安民. 风积沙区采煤沉陷地裂缝分布特征与发生发育规律[J]. 煤炭学报,2014,01:11-18.

[160] 陈琳,喻文兵,杨成松,等. 基于微观结构的青藏高原风积沙导热系数变化机理研究[J]. 冰川冻土,2014,05:1220-1226.

[161] 袁玉卿,王选仓. 风积沙压实特性试验研究[J]. 岩土工程学报,2007,03:360-365.

[162] 李万鹏. 风积沙的工程特性与应用研究[D]. 长安大学,2004. 鞠金峰,许家林,朱卫兵,王路军. 神东矿区近距离煤层出一侧采空煤柱压架机制[J]. 岩石力学与工程学报,2013,07:1321-1330.

[163] 崔增娣,孙恒虎. 煤矸石凝石似膏体充填材料的制备及其性能[J]. 煤炭学报,2010,06:896-899.

[164] 王长龙,乔春雨,王爽,等. 煤矸石与铁尾矿制备加气混凝土的试验研究[J]. 煤炭学报,2014,04:764-770.

[165] 李琦,孙根年,韩亚芬,等. 我国煤矸石资源化再生利用途径的分析[J]. 煤炭转化,2007,01:78-82.

[166] 王明立. 煤矸石压缩试验的颗粒流模拟[J]. 岩石力学与工程学报,2013,07:1350-1357.

[167] 李永靖,邢洋,张旭,等. 煤矸石骨料混凝土的耐久性试验研究[J]. 煤炭学报,2013,07:1215-1219.

[168] 郭力群,彭兴黔,蔡奇鹏. 基于统一强度理论的条带煤柱设计[J]. 煤炭学报,2013,09:1563-1567.

[169] Cowling R. Twenty-five Years of Mine Filling-Developments and Directions[A]. Sixth International Symposium on Mining with Backfill Brislane:April 1998:3-10.

[170] 唐志新,黄乐亭,滕永海. 煤矸石做为建筑地基的特性分析及实践[J]. 矿山测量,2006(4):76-77.

[171] 李树志,刘金辉,王华国. 矸石地基承载力及其确定[J]. 煤炭科学技术,2000,28(3):13-14.

[172] 唐志新,黄乐亭,戴华阳. 采动区煤矸石地基理论研及实践[J]. 煤炭学报,1999,24(1):43-47.

[173] 李忠华,官福海. 弹塑性煤柱的应力场计算[J]. 采矿与安全工程学报,2006,01:79-82.

[174] 王连国,缪协兴. 煤柱失稳的突变学特征研究[J]. 中国矿业大学学报,2007,01:7-11.

[175] 张勇,潘岳. 弹性地基条件下狭窄煤柱岩爆的突变理论分析[J]. 岩土力学,2007,07:1469-1476.

[176] 蔡怀恩,侯恩科,张强骅,等. 黄土丘陵区房柱式开采地表塌陷特征及机理分析——以陕北府谷县新民镇小煤矿为例[J]. 地质灾害与环境保护,2010,02:101-104.

[177] Rose J G , Bland A E, Robl T L. Utilization Potential of Kentucky Coal Refuse，University of Kentucky Institute for Mining and Minerals Research Publications Group，Lexington，Kentucky，1989：49.

[178] Karfakis M G, Bowman C H, Topuz E. Characterization of coal-mine refuse as backfilling material[J]. Geotechnical and Geological Engineering，1996(14)：129-150.

[179] National Academy of Sciences. Underground Disposal of Coal Mine Wastes，National Academy of Engineering[J]，1975，35(2)：172.

[180] Bland A E, Robl T L, Rose J G. Kentucky coal preparation plant refuse characterization and uses，Proceedings of the Second Kentucky Coal Refuse Disposal and Utilization Seminar，Pineville ，Kentucky，1976：21-35.

[181] 陈绍杰，郭惟嘉，程国强，等. 深部条带煤柱蠕变支撑效应研究[J]. 采矿与安全工程学报，2012，01：48-53.

[182] 翟德元，刘学增. 房柱式开采矿房跨度的可靠度设计[J]. 山东矿业学院学报，1997，03：7-11.

[183] 江东海，弓培林，杜志铎. 房式开采煤柱回收时老顶来压步距研究[J]. 煤炭技术，2014，10：145-146.

[184] Nantel J. Recent Developments and Trends in Backfill Practices in Canada[A]. Sixth International Symposium on mining with Backfill. Brislane：1998：11-14.

[185] 张科学，姜耀东，张正斌，等. 大煤柱内沿空掘巷窄煤柱合理宽度的确定[J]. 采矿与安全工程学报，2014，02：255-262，269.

[186] 甘建东. 膏体充填回收房柱式遗留煤柱方法研究[D]. 徐州：中国矿业大学，2014.

[187] 刘锋. 房柱式采煤法煤房与煤柱参数确定的研究[J]. 内蒙古煤炭经济，2008，05：55-58.

[188] 刘进晓. 房柱式开采体系煤柱回收关键技术研究[D]. 青岛：山东科技大学，2006.

[189] 朱建明，彭新坡，姚仰平，等. SMP准则在计算煤柱极限强度中的应用[J]. 岩土力学，2010，09：2987-2990.

[190] 徐思朋，茅献彪，张东升. 煤柱塑性区的弹粘塑性理论分析[J]. 辽宁工程技术大学学报，2006，02：195-196.

[191] 韩承强，张开智，徐小兵，等. 区段小煤柱破坏规律及合理尺寸研究[J]. 采矿与安全工程学报，2007，03：370-373.

[192] 廉常军. 西川煤矿迎采掘巷护巷煤柱宽度及围岩控制技术研究[D]. 徐州：中国矿业大学，2014.

[193] 吴立新，王金庄. 煤柱宽度的计算公式及其影响因素分析[J]. 矿山测量，1997，01：12-16，48.

[194] Zhang Q, Li M, Chao Y W, et al. Study of Roadway Surrounding Rock Composite Structure Burst Prevention Mechanism and Its Application. [J]. Disaster Advances，2013，6(S5)：95-101.

[195] Zhou N, Zhang Q, Ju F, et al. Pre-Treatment Research in Solid Backfill Material in Fully

Mechanized Backfilling Coal Mining Technology. [J]. Disaster Advances, 2013, 6(S5): 118-125.

[196] Chen Y, Jiang H Q, Huang Peng, et al. Engineering design and application of solid backfill mining method in mines under embankment. [J]. Disaster Advances, 2013, 6(S5): 136-143.

[197] Guo H Z, Li J, Wu X G, et al. Research on the Stratum Control Technology for Changing Strip Mining under Buildings to Longwall backfilling mining. [J]. Disaster Advances, 2013, 6(S5): 182-188.

[198] 陈杰, 张卫松, 等. 井下矸石充填工艺及普采工作面充填装备[J]. 煤炭科学技术, 2010, (04).

[199] 李兴尚, 许家林, 朱卫兵, 等. 从采充均衡论煤矿部分充填开采模式的选择[J]. 辽宁工程技术大学学报(自然科学版), 2008, (02): 168-171.

[200] 王山海. 关于房柱式开采巷道漏风规律的探讨[J]. 煤炭科学技术, 2001, 07: 6-8.

[201] Murph D J. Stress, degradation, and shear strength of granular material. Geotechnical Modeling and Applications, Sayed, S. M. (ed.), Gulf, Houston, 1987: 181-211.

[202] Sowers G F. Introductory Soil mechanics and Foundations, Macmillan, New York, 1979.

[203] Charles J A. Settlement of fill, in Ground Movements and their Effects on Structures, Attewell P B. and Taylor R K. Chapman and Hall, New York, 1984: 26-45.

[204] Cundall P A. A computer model for simulating progressive large scale movements in blocky rock systems[A]//Proceedings of the Symposium of the International Society of Rock Mechanics[C]. Nancy: [S. n.], 1971.

[205] 李庆忠. 综放面小煤柱留巷理论与试验研究[D]. 青岛: 山东科技大学, 2003.

[206] 李鹏, 张永波. 房柱式开采采空区覆岩移动变形规律的模型试验研究[J]. 华北科技学院学报, 2010, 04: 38-41.

[207] 温克珩. 深井综放面沿空掘巷窄煤柱破坏规律及其控制机理研究[D]. 西安科技大学, 2009.

[208] 张念超, 杜祥海, 张延水. 应用 FLAC 软件对煤柱稳定性影响因素的模拟[J]. 煤矿支护, 2008, 03: 15-16.

[209] 江东海, 张冬. 房式开采煤柱回收时工作面围岩应力分布模拟[J]. 煤矿安全, 2014, 02: 172-174, 177.

[210] 王宏伟, 姜耀东, 邓保平, 等. 工作面动压影响下老窑破坏区煤柱应力状态研究[J]. 岩石力学与工程学报, 2014, 10: 2056-2063.

[211] 刘大鹏, 唐海波, 赵阳升. 房柱式开采残煤复采顶底板应力分布规律的数值模拟研究[J]. 太原理工大学学报, 2014, 03: 389-393.

[212] 唐海波, 刘大鹏, 王少卿. 房柱式残煤复采顶板应力分析及顶板来压观测[J]. 煤炭技术, 2015, 03: 37-39.